Diviértete con las matemáticas

Diviértete con las matemáticas

Yakov Perelman

© 2012, Ediciones Robinbook, s. l., Barcelona

Diseño de cubierta: Regina Richling

Diseño interior: Media Circus
Fotografía de cubierta: © iStockphoto / Spiderstock

ISBN: 978-84-96746-69-5
Depósito legal: B-7.996-2012   **black**print
Impreso por : BLACKPRINTCPI   A CPI COMPANY
 Torre Bovera 6-7 08740 Sant Andreu de la Barca

Impreso en España - Printed in Spain

«Cualquier forma de reproducción, distribución, comunicación pública o transformación de esta obra solo puede ser realizada con la autorización de sus titulares, salvo excepción prevista por la ley. Diríjase a CEDRO (Centro Español de Derechos Reprográficos, www.cedro.org) si necesita fotocopiar o escanear algún fragmento de esta obra.»

Índice

Prefacio

Éste es un libro para jugar mientras aprenden a resolver problemas matemáticos o, si lo prefieren, para aprender matemáticas mientras se juega.

Alguien puede pensar que sus conocimientos aritméticos son insuficientes, o que con el tiempo ya se han olvidado para disfrutar del contenido de matemáticas recreativas. ¡Se equivoca completamente!

El propósito de esta obra reside expresamente en destacar la parte de juego que tiene la resolución de cualquier acertijo, no en averiguar los conocimientos logarítmicos que usted puede tener... Basta con que sepa las reglas aritméticas y posea ciertas nociones de geometría.

No obstante, el contenido de esta obra es variadísimo: en ella se ofrece desde una numerosa colección de pasatiempos, rompecabezas e ingeniosos trucos sobre ejercicios matemáticos hasta ejemplos útiles y prácticos de contabilidad y medición, todo lo cual forma un cuerpo de más de un centenar de acertijos y problemas de gran interés.

Pero, ¡cuidado! a veces los problemas aparentemente más sencillos son los que llevan peor intención...

A fin de evitar que caiga en la tentación de consultar las soluciones precipitadamente, la obra se ha dividido en dos partes: la primera contiene los ejercicios matemáticos mientras que al final de cada capítulo se pueden consultar las soluciones. Antes de recurrir a esta segunda parte, piense un poco y diviértase intentando esquivar la trampa.

Y ahora, para terminar, un ejemplo: ¿qué es mayor, el avión o la sombra que éste proyecta sobre la Tierra? Piense en ello, y si no está muy convencido de sus conclusiones, busque la respuesta en la parte dedicada a las soluciones.

Desayuno y rompecabezas

1. La ardilla en el calvero

Hoy por la mañana he jugado al escondite con una ardilla —contaba a la hora del desayuno uno de los comensales en el albergue donde pasábamos las vacaciones—. ¿Recuerdan ustedes el calvero circular del bosque con un abedul solitario en el centro? Para ocultarse de mí, una ardilla se había escondido tras de ese árbol. Al salir del bosque al claro, inmediatamente he visto el hociquito de la ardilla y sus vivaces ojuelos que me miraban fijamente detrás del tronco. Con precaución, sin acercarme, he empezado a dar la vuelta por el contorno del calvero, tratando de ver al animalillo. Cuatro vueltas he dado alrededor del árbol, pero la bribona se iba retirando tras del tronco en sentido contrario, sin enseñarme nunca más que el hociquillo. En fin, no me ha sido posible dar la vuelta alrededor de la ardilla.

—Sin embargo —objetó alguien—, usted mismo ha dicho que dio cuatro veces la vuelta alrededor del árbol. —¡Alrededor del árbol sí, pero no alrededor de la ardilla! —Pero la ardilla, ¿no estaba en el árbol? —¿Y qué?—Entonces usted daba también vueltas alrededor de la ardilla. —¡Cómo las iba a dar, si ni una vez siquiera le pude ver el lomo! —¿Pero qué tiene que ver el lomo? La ardilla se halla en el centro, usted marcha describiendo un círculo, por lo tanto anda alrededor de la ardilla.

—Ni mucho menos. Imagínese que ando junto a usted describiendo un círculo, y que usted va volviéndome continuamente la cara y escondiendo la espalda. ¿Dirá usted que doy vueltas a su alrededor?

—Claro que sí. ¿Qué hace usted si no?

—¿Le rodeo, aunque no me encuentre nunca detrás de usted, y no vea su espalda?

—¡La ha tomado usted con mi espalda! Cierra el círculo usted a mi alrededor; ahí es donde está el intríngulis, y no en que me vea o no la espalda.

—¡Perdone! ¿Qué significa dar vueltas alrededor de algo? A mi entender no quiere decir nada más que lo siguiente: ocupar sucesivamente distintas posiciones de modo que pueda observarse el objeto desde todos los lados. ¿No es así, profesor? —preguntó uno de los interlocutores a un viejecillo sentado a la mesa.

—En realidad, están ustedes discutiendo sobre palabras —contestó el hombre de ciencia —. En estos casos hay que empezar siempre por lo que acaban de hacer; o sea, hay que ponerse de acuerdo en el significado de los términos. ¿Cómo deben comprenderse las palabras «moverse alrededor de un objeto»? Pueden tener un doble significado. En primer lugar, pueden interpretarse como un movimiento por una línea cerrada en cuyo interior se halla el objeto. Esta es una interpretación. Otra: moverse respecto de un objeto, de modo que se le vea por todos los lados, Si aceptamos la primera interpretación, debe reconocer que ha dado usted cuatro vueltas alrededor de la ardilla. Manteniendo la segunda, llegamos a la conclusión de que no ha dado vueltas a su alrededor ni una sola vez. Como ven ustedes, no hay motivo para discutir, si ambas partes hablan en un mismo lenguaje y comprenden los términos de la misma manera.

—Eso está muy bien; puede admitirse una interpretación doble. Pero, ¿cuál es la justa?

—La cuestión no debe plantearse así. Puede convenirse lo que se quiera. Sólo hay que preguntarse cuál es la interpretación más corriente. Yo diría que la primera interpretación es la más acorde con el espíritu de la lengua, y he aquí por qué. Es sabido que el *Sol* da una vuelta completa alrededor de su eje en 26 días...

—¿El Sol da vueltas?

—Naturalmente, lo mismo que la Tierra, alrededor de su eje. Imaginen ustedes que la rotación del Sol se realizara más despacio; es decir, que diera una vuelta no en 26 días, sino en 365 días y 1/4, o sea en un año. Entonces el Sol tendría siempre el mismo lado orientado a la Tierra; nunca veríamos la parte contraria, la *espalda* del Sol. Pero, ¿podría entonces afirmarse que la Tierra no daba vueltas alrededor del Sol?

—Así, pues, está claro que a pesar de todo, yo he dado vueltas alrededor de la ardilla.

—¡Señores, no se vayan! —dijo uno de los que habían escuchado la discusión—. Quiero proponer lo siguiente. Como nadie va a ir de paseo lloviendo como está y, por lo visto, la lluvia no va a cesar pronto, vamos a quedarnos aquí resolviendo rompecabezas. En realidad, ya hemos empezado. Que cada uno discurra o recuerde algún rompecabezas. Usted, señor profesor, será nuestro árbitro.

—Si los rompecabezas son de álgebra o de geometría, yo no puedo aceptar —declaró una joven.

—Ni yo tampoco —añadió alguien más.

—No, no; ¡deben participar todos! Rogamos a los presentes que no hagan uso ni del álgebra ni de la geometría; en todo caso sólo de los rudimentos. ¿Hay alguna objeción?

—Ninguna; ¡venga, venga! —dijeron todos—. A empezar. *(Solución p.175)*

2. Funcionamiento de los círculos escolares

—En nuestro Instituto —comenzó un estudiante de bachillerato—, funcionan cinco círculos: de deportes, de literatura, de fotografía, de ajedrez y de canto. El de deportes funciona un día sí y otro no; el de literatura, una vez cada tres días; el de fotografía, una cada cuatro; el de ajedrez, una cada cinco, y el de canto, una cada seis. El primero de enero, se reunieron en la escuela todos los círculos y siguieron haciéndolo después en los días designados, sin perder uno. Se trata de adivinar cuántas tardes más, en el primer trimestre, se reunieron en la escuela los cinco círculos a la vez.

—¿El año era corriente o bisiesto? —preguntaron al estudiante.

—Corriente.

—¿Es decir, que el primer trimestre —enero, febrero y marzo– fue de 90 días?

—Claro que sí.

—Permítame añadir una pregunta más a la hecha por ti en el planteamiento del rompecabezas —dijo el profesor—. Es la siguiente: ¿cuántas tardes de ese mismo trimestre no se celebró en el Instituto ninguna reunión de círculo?

—¡Ah, ya comprendo! —exclamó alguien—. Es un problema con segunda... Me parece que después del primero de enero, no habrá ni un día en que se reúnan todos los círculos a la vez, ni tampoco habrá uno en que no se reúna ninguno de los cinco. ¡Claro!

— ¿Por qué?

–No puedo explicarlo, pero creo que le quieren pescar a uno.

–¡Señores! –dijo, tomando la palabra, el que había propuesto el juego y al que todos consideraban como presidente de la reunión.

–No hay que hacer públicas ahora las soluciones definitivas de los rompecabezas. Que cada uno discurra. El árbitro, después de cenar, nos dará a conocer las contestaciones acertadas. ¡Venga el siguiente! *(Solución p. 175)*

3. ¿Quién cuenta más?

Dos personas estuvieron contando, durante una hora, todos los transeúntes que pasaban por la acera. Una estaba parada junto a la puerta; otra andaba y desandaba la acera. ¿Quién contó más transeúntes?

—Andando, naturalmente que se cuentan más; la cosa está clara —se oyó en el otro extremo de la mesa.

—Después de cenar sabremos la respuesta —declaró el presidente—. ¡El siguiente! *(Solución p. 176)*

4. El abuelo y el nieto

Lo que vaya contar sucedió en 1932. Tenía yo entonces tantos años como expresan las dos últimas cifras del año de mi nacimiento. Al poner en conocimiento de mi abuelo esta coincidencia, me dejó pasmado al contestarme que con su edad ocurría lo mismo. Me pareció imposible.

—Claro que es imposible —añadió una voz.

—Pues es completamente posible. El abuelo me lo demostró. ¿Cuántos años tenía cada uno de nosotros?

(Solución p. 176)

5. Los billetes de ferrocarril

—Soy taquillero en una estación de autocares y despacho billetes —empezó a decir el siguiente participante en el juego—. A muchos esto les parecerá cosa sencilla. No sospechan el número tan grande de billetes que debe manejar el taquillero de una estación, incluso de poca importancia. Es indispensable que los pasajeros puedan adquirir billetes de la indicada estación a cualquiera otra del mismo autocar en ambas direcciones. Presto mis servicios en una línea que consta de 25 estaciones. ¿Cuántos billetes diferentes piensan ustedes que ha preparado la empresa para abastecer las cajas de todas las estaciones?

—Ha llegado su turno, señor aviador —proclamó el presidente. *(Solución p. 177)*

6. El vuelo del dirigible

—Imaginemos que despegó de Leningrado un dirigible con rumbo al Norte. Una vez recorridos 500 Km. en esa dirección cambió de rumbo y puso proa al Este. Después de volar en esa dirección 500 Km., hizo un viraje de 90° y recorrió en dirección Sur 500 Km. Luego viró hacia el Oeste, y después de cubrir una distancia de 500 Km., aterrizó. Si tomamos como punto de referencia Leningrado, se pregunta cuál será la situación del lugar de aterrizaje del dirigible: al oeste, al este, al norte o al sur de esta ciudad.

—Este es un problema para gente ingenua —dijo uno de los presentes: Quinientos pasos hacia adelante, 500 a la derecha, 500 hacia atrás y 500 hacia la izquierda, ¿a dónde vamos a parar? Llegamos naturalmente al mismo lugar de donde habíamos partido.

—¿Dónde le parece, pues, que aterrizó el dirigible?

—En el mismo aeródromo de Leningrado de donde había despegado. ¿No es así?

—Claro que no.

—¡Entonces no comprendo nada!

—Aquí hay gato encerrado —intervino en la conversación el vecino—. ¿Acaso el dirigible no aterrizó en Leningrado?... ¿No podría repetir el problema?

El aviador accedió de buena gana. Le escucharon con atención, mirándose perplejos.

—Bueno —declaró el presidente—. Hasta la hora de la cena disponemos de tiempo para pensar en este problema; ahora vamos a continuar. *(Solución p. 177)*

7. La sombra

—Permítanme —dijo el participante de turno—, tomar como tema de mi rompecabezas el mismo dirigible. ¿Qué es más largo, el dirigible o la sombra completa que proyecta sobre la Tierra?

—¿Es ése todo el rompecabezas?

—Sí.

—La sombra, claro está, es más larga que el dirigible; los rayos del Sol se difunden en forma de abanico —propuso inmediatamente alguien como solución.

—Yo diría —protestó alguien—, que por el contrario, los rayos del Sol van paralelos; la sombra y el dirigible tienen la misma longitud.

—¡Qué va! ¿Acaso no ha visto usted los rayos divergentes del sol oculto tras una nube? De ello puede uno convencerse observando cuánto divergen los rayos solares. La sombra del dirigible debe ser considerablemente mayor que el dirigible, en la misma forma que la sombra de la nube es mayor que la nube misma.

—¿Por qué se acepta corrientemente que los rayos del Sol son paralelos? Marinos, astrónomos, todos lo consideran así…

El presidente no permitió que la discusión se prolongara y concedió la palabra al siguiente. *(Solución p. 179)*

8. Un problema con cerillas

El jugador de turno vació sobre la mesa su caja de cerillas, distribuyéndolas en tres montones.

—¿Se dispone usted a hacer hogueras? —bromearon los presentes.

—El rompecabezas —explicó— será a base de cerillas. Tenemos tres montoncitos diferentes. En ellos hay en total 48 cerillas. No les digo cuántas hay en cada uno.

Pero observen lo siguiente: si del primer montón paso al segundo tantas cerillas como hay en éste, luego del segundo paso al tercero tantas cerillas como hay en ese tercero, y por último, del tercero paso al primero tantas cerillas como existen ahora en ese primero, resulta que habrá el mismo número de cerillas en cada montón. ¿Cuántas cerillas había en cada montón al principio?

(Solución p. 181)

9. El tocón traicionero

—Este rompecabezas —empezó a decir el penúltimo contertulio— me recuerda un problema que me planteó en cierta ocasión un matemático rural. Era un cuento bastante divertido. Un campesino se encontró en el bosque a un anciano desconocido. Se pusieron a charlar. El viejo miró al campesino con atención y le dijo:

—En este bosque sé yo de un toconcito maravilloso. En caso de necesidad ayuda mucho.

—¡Cómo que ayuda! ¿Acaso cura algo?

—Curar no cura, pero duplica el dinero. Pones debajo de él el portamonedas con dinero, cuentas hasta cien, y listo: el dinero que había en el portamonedas se ha duplicado. Esta es la propiedad que tiene. ¡Magnífico tocón!

—¡Si pudiera probar! —exclamó soñador el campesino.

—Es posible. ¡Cómo no! Pero hay que pagar.

—¿Pagar? ¿A quién? ¿Mucho?

—Hay que pagar al que indique el camino. Es decir, a mí en este caso. Si va a ser mucho o poco es otra cuestión.

Empezaron a regatear. Al saber que el campesino llevaba consigo poco dinero, el viejo se conformó con recibir una euro y veinte céntimos después de cada operación en que se duplicara el dinero. En eso quedaron.

El viejo condujo al campesino a lo más profundo del bosque, lo llevó de un lado para otro, y por fin, encontró entre unas malezas un viejo tocón de abeto cubierto de musgo. Tomando de manos del campesino el portamonedas, lo escondió entre las raíces del tocón. Contaron hasta cien. El viejo empezó a escudriñar y hurgar al pie del tronco, y al fin sacó el portamonedas, entregándoselo al campesino.

Este miró el interior del portamonedas y… en efecto, el dinero se había duplicado. Contó y dio al anciano el euro y los veinte céntimos prometidos y le rogó que metiera por segunda vez el portamonedas bajo el tocón maravilloso.

Contaron de nuevo hasta cien; el viejo se puso otra vez a hurgar en la maleza junto al tocón, y se realizó el milagro: el dinero del portamonedas se había duplicado. El viejo recibió del bolsillo el euro y los veinte céntimos convenidos.

Escondieron por tercera vez el portamonedas bajo el tocón. El dinero se duplicó esta vez también. Pero cuando el campesino hubo pagado al viejo la remuneración prometida, no quedó en el portamonedas ni un solo céntimo. El pobre había perdido en la combinación todo su dinero. No había ya nada que duplicar y el campesino, abatido, se retiró del bosque.

El secreto de la duplicación maravillosa del dinero, naturalmente, está claro para ustedes: no en balde el viejo, rebuscando el portamonedas, hurgaba en la maleza junto al tocón. Pero, ¿pueden ustedes indicar cuánto dinero tenía el campesino antes de los desdichados experimentos con el traicionero tocón? *(Solución p. 183)*

10. Un problema sobre el mes de diciembre

—Yo, señores, soy representante, y por lo tanto, me encuentro muy alejado de toda clase de matemáticas —empezó a decir un hombre de edad a quien le había llegado el turno de exponer su rompecabezas—. Por eso no esperen de mí un problema de matemáticas. Sólo puedo plantear alguna cuestión sobre algo que conozco. ¿Me autorizan ustedes a plantear un rompecabezas sobre el calendario?

—¡Con mucho gusto!

—Al duodécimo mes le llamamos *diciembre.* ¿Saben lo que en realidad significa *diciembre?* Esta palabra proviene de la palabra griega *deka* (diez); de ella se forman las palabras *decalitro,* diez litros: *década,* diez días, y otras. Resulta, pues, que el mes de diciembre lleva la denominación de *décimo.* ¿Cómo explicar esa anomalía?

—Ya no falta más que un rompecabezas – dijo el presidente. *(Solución p. 184)*

11. Un truco aritmético

Me toca hablar el último, el undécimo. A fin de que haya mayor variedad, presentaré un truco aritmético, con el ruego de que descubran el secreto que encierra. Que cualquiera de los presentes, usted mismo, presidente, escriba en un papel un número de tres cifras, sin que yo lo vea.

—¿El número puede tener ceros?

—No pongo limitación alguna. Cualquier número de tres cifras, el que deseen.

—Ya lo he escrito. ¿Qué más?

—A continuación de ese mismo número, escríbalo otra vez, y obtendrá una cantidad de seis cifras.

—Ya está.

–Déle el papel al compañero más alejado de mí, y que este último divida por siete la cantidad obtenida.

—¡Qué fácil es decir divídalo por siete! A lo mejor no se divide exactamente.

—No se apure; se divide sin dejar residuo.

—No sabe usted qué número es, y asegura que se divide exactamente.

—Haga primero la división y luego hablaremos.

—Ha tenido usted la suerte de que se dividiera.

—Entregue el cociente a su vecino, sin que yo me entere de cuál es, y que él lo divida por 11.

—¿Piensa usted que va a tener otra vez suerte, y que va a dividirse?

—Haga, haga la división; no quedará residuo.

—En efecto, ¡no hay residuo! ¿Ahora, qué más?

—Pase el resultado a otro. Vamos a dividirlo por... 13.

—No ha elegido bien. Son pocos los números que se dividen exactamente por 13... ¡Oh, la división es exacta! ¡Qué suerte tiene usted!

—Déme el papel con el resultado, pero dóblelo de modo que no pueda ver el número.

Sin desdoblar la hoja de papel, el *prestidigitador* la entregó al presidente.

—Ahí tiene el número que usted había pensado. ¿Es ése?

—¡El mismo! —contestó admirado, mirando el papel—. Precisamente es el que yo había pensado... Como se ha agotado la lista de jugadores, permítanme terminar nuestra reunión, sobre todo teniendo en cuenta que la lluvia ha cesado. Las soluciones de todos los rompecabezas se harán públicas hoy mismo, después de cenar.

Las soluciones por escrito pueden entregármelas a mí.

(Solución p. 185)

12. La cifra tachada

Una persona piensa un número de varias cifras, por ejemplo el 847. Propóngale que halle la suma de los valores absolutos de las cifras de este número (8 + 4 + 7 = 19) y que la reste del número pensado. Le resultará:

847 - 19 = 828

Que tache una cifra cualquiera del resultado obtenido, la que desee, y que le comunique a usted las restantes. Le dirá usted inmediatamente la cifra tachada, aunque no sepa el número pensado y no haya visto lo que ha hecho con él.

¿En qué forma se hace esto y en qué consiste la clave del truco?

La solución es muy fácil. Se busca una cifra que adicionada a las que le comunica su interlocutor forme el número más próximo divisible por 9. Si, por ejemplo, en el número 828 ha sido tachada la primera cifra (8) y le comunican a usted las cifras 2 y 8, usted, una vez sumados 2+8, calcula que hasta el número más próximo divisible por 9, es decir, hasta el 18, faltan 8. Esta es la cifra tachada.

¿Por qué resulta así? Porque si a cualquier número le restamos la suma de sus cifras, debe quedar un numero divisible por 9; en otras palabras, un número en el que la suma de los valores absolutos de sus cifras se divida por 9. En efecto, representemos por a la cifra de las centenas del número pensado, por b la de las decenas y por c la de las unidades. Este número tendrá en total:

$100a + 10b + c$ unidades

Restémosle la suma de los valores de sus cifras $a + b + c$. Obtendremos:

$$100a + 10b + c - (a + b + c) = 99a + 9b = 9\,(11a + b)$$

Pero $9\,(11a + b)$ está claro que es divisible por 9; por lo tanto, al restar de un número la suma de los valores de sus cifras, debe resultar siempre un número divisible por 9, sin residuo.

Al presentar el truco, puede suceder que la suma de las cifras que le comuniquen sea divisible entre nueve (por ejemplo 4 y 5). Esto indica que la cifra tachada es o un cero o un nueve. Así, que debe usted responder cero o nueve.

He aquí una variante nueva del mismo truco: en lugar de restar del número pensado la suma de los valores de sus cifras, puede restarse otro, formado cambiando de lugar las cifras de dicho número. Por ejemplo, del número 8247 puede restarse 2748 (si el número nuevo es mayor que el pensado, se resta del mayor el menor). Luego se continúa como se ha indicado anteriormente: 8247 - 2748 = 5499; si se ha tachado la cifra 4, conociendo las cifras 5, 9, 9, calcula usted que el número divisible por 9 más próximo a 5 + 9 + 9, es decir, a 23, es el número 27. O sea, que se ha tachado la cifra 27 - 23 = 4.

13. Adivinar un número sin preguntar nada

Propone usted a alguien que piense un número cualquiera de tres cifras que no termine en cero, y le ruega que ponga las cifras en orden contrario. Hecho esto, debe restar del número mayor el menor y la diferencia obtenida sumarla con ella misma, pero con las cifras escritas en orden contrario. Sin preguntar nada, adivina usted el número resultante.

Si, por ejemplo, se había pensado el número 467, se deben realizar las siguientes operaciones:

$$467;\ 764; \quad \begin{array}{r} 764 \\ -467 \\ \hline 297 \end{array} \quad \begin{array}{r} 297 \\ +792 \\ \hline 1.089 \end{array}$$

Este resultado final, 1.089, es el que comunica usted. ¿Cómo puede saberlo?

Analicemos el problema en su aspecto general. Tomemos un número con las cifras. *a, b* y *c*. El número: será:

100a + 10b + c.

El número con las cifras en orden contrario será:

100c + 10b + a.

La diferencia entre el primero y el segundo será igual a

99a - 99c.

Hagamos las siguientes transformaciones:

99a - 99c= 99 (a - c) = 100 (a - c) - (a - c) =

$$= 100\ (a - c) - 100 + 100 - 10 + 10 - a + c =$$

$$= 100\ (a - c - 1) + 90 + (10 - a + c).$$

Es decir, que la diferencia consta de las tres cifras siguientes:

cifra de las centenas: $a - c - 1$

cifra de las decenas: 9

cifra de las unidades: $10 + c - a$

El número con las cifras en orden contrario se representa así:

$$100\ (10 + c - a) + 90 + (a - c - 1).$$

Sumando ambas expresiones:

$$100\ (a - c - 1) + 90 + 10 + c - a +$$

$$+ 100\ (10 + c - a) + 90 + a - c - 1.$$

Resulta:

$$100 \times 9 + 180 + 9 = 1.089.$$

Cualesquiera que sean las cifras a, b, c, una vez hechas las operaciones mencionadas se obtendrá siempre el mismo número: 1089. Por ello no es difícil adivinar el resultado de estos cálculos: lo conocía usted de antemano.

Está claro que este truco no debe presentarse a la misma persona dos veces porque el secreto quedará descubierto.

14. ¿Quién ha cogido cada objeto?

Para presentar este ingenioso truco, hay que preparar tres cosas u objetos pequeños que quepan fácilmente en el bolsillo, por ejemplo, un lápiz, una llave y un cortaplumas. Además, se coloca en la mesa un plato con 24 avellanas; a falta de ellas pueden utilizar fichas del juego de damas, de dominó, cerillas, etc.

A tres de los presentes les propone que mientras esté usted fuera de la habitación, escondan en sus bolsillos, a su elección, uno cualquiera de los tres objetos: el lápiz, la llave o el cortaplumas, y se compromete usted a adivinar el objeto que ha escondido cada uno.

El procedimiento para adivinarlo consiste en lo siguiente. Al regresar a la habitación una vez que las tres personas hayan escondido los objetos en los bolsillos, les entrega usted unas avellanas para que las guarden. Al primero le da una avellana, dos al segundo y tres al tercero. Las restantes las deja en el plato. Luego sale usted otra vez dejándoles las siguientes instrucciones: cada uno debe coger del plato más avellanas; el que tenga el lápiz tomará tantas como le fueron entregadas; el que tenga la llave, el doble de las que recibió; el del cortaplumas, *cuatro veces* más que las que usted le haya dado.

Las demás avellanas quedan en el plato.

Una vez hecho todo esto y dada la señal de que puede regresar, al entrar en el cuarto echa usted una mirada al plato, e inmediatamente anuncia cuál es el objeto que cada uno guarda en el bolsillo.

El truco deja perplejo al público, sobre todo porque se realiza sin participación de intermediarios secretos que nos hagan señales imperceptibles convenidas previamente. Es un truco sin engaño alguno, pues todo él está fundamentado exclusivamente en cálculos aritméticos. Se adivina quién tiene cada objeto, sólo por el número de avellanas que han quedado en el plato. Quedan siempre pocas: de 1 a 7, y pueden contarse de un solo golpe de vista.

Pero, ¿cómo conocer quién ha guardado uno u otro objeto, por el número de avellanas que quedan?

Es muy sencillo; cada caso de distribución de los objetos entre las tres personas corresponden a un número diferente de avellanas del plato. Vamos a convencernos inmediatamente.

Supongamos que sus compañeros se llaman Benigno, Gregario y Juan; designémosles con sus iniciales *B*, *G*, *J*. Designemos también los objetos por letras: el lápiz *a*, la llave *b* y el cortaplumas c.

¿Cómo pueden distribuirse estos objetos entre tres personas? De las 6 maneras siguientes:

B	G	J
a	*b*	*e*
a	*e*	*b*
b	*a*	*e*
b	*e*	*a*
e	*a*	*b*
e	*b*	*a*

Es evidente que no puede haber más combinaciones; la tabla comprende todas las posibles.

Veamos ahora qué número de avellanas quedan en el plato en cada uno de los casos:

BGT	Número de avellanas tomadas	Total	Resto
abe	1 + 1 = 2; 2 + 4= 6; 3 + 12 = 15	23	1
acb	1 + 1 = 2; 2 + 8 = 10; 3 + 6 = 9	21	3
bae	1 + 2 = 3; 2+2= 4; 3 + 12 = 15	22	2
bca	1 + 2 = 3; 2 + 8 = 10; 3+ 3 = 6	19	5
cab	1 + 4 = 5; 2 + 2 = 4; 3 + 6 = 9	18	6
cba	1 + 4 = 5; 2 + 4 = 6 - , 3 + 3 = 6	17	7

Ya ven que el resto de avellanas es diferente cada vez. Por ello, conociendo el resto, es fácil determinar cómo están distribuidos los objetos entre sus amigos. De nuevo —por tercera vez— se aleja de la habitación y mira su libretita de notas donde lleva apuntado el cuadro anterior (en realidad sólo hacen falta la primera y la última columna); es difícil recordarlo de memoria, y además no hay necesidad de ello. El cuadro le indicará dónde se halla cada objeto. Por ejemplo, si han quedado en el plato 5 avellanas, quiere decir (caso *bca*) que

la llave la tiene Benigno;

el cortaplumas Gregario;

el lápiz Juan.

Para que el truco salga bien, debe recordar exactamente cuántas avellanas ha entregado a cada persona (distribúyalas siempre siguiendo el orden alfabético de los nombres, como lo hemos hecho en el caso explicado).

Las matemáticas en los juegos

El dominó

15. Línea de 28 fichas

¿Por qué las 28 fichas del dominó pueden colocarse siguiendo las reglas del juego, formando una línea ininterrumpida? *(Solución p. 186)*

16. El comienzo y el final de la línea

Estando las 28 fichas casadas, en uno de los extremos hay 5 tantos. ¿Cuántos habrá en el otro extremo? *(Solución p. 186)*

17. Un truco con el dominó

Una persona toma una de las fichas y les propone que casen las 27 restantes, afirmando que es siempre posible hacerlo, cualquiera que sea la ficha tomada. Pasa a la habitación contigua, para no ver cómo están casadas las fichas. Empiezan ustedes a colocarlas y llegan a la conclusión de que dicha persona tenía razón: las 27 fichas quedan casadas. Pero lo más asombroso es que, desde la otra habitación y sin ver el dominó, también puede anunciar cuántos tantos hay en cada extremo de la fila de fichas.

¿Cómo puede saberlo? ¿Por qué está seguro de que 27 fichas cualesquiera pueden colocarse en una sola línea casándolas correctamente?

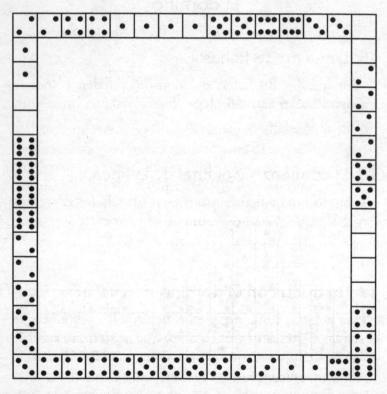

(Solución p. 188)

18. El marco

La figura 3 reproduce un marco cuadrado, formado por las fichas del dominó de acuerdo con las reglas del juego. Los lados del marco tienen la misma longitud, pero no igual número de tantos; los lados superior e izquierdo contienen 44 tantos cada uno; de los otros dos lados, uno tiene 59 y el otro 32.

¿Puede construirse un marco cuadrado cuyos lados contengan el mismo número de tantos, es decir, 44 cada uno? *(Solución p. 188)*

19. Los siete cuadrados

Cuatro fichas de dominó, elegidas convenientemente, pueden colocarse formando un cuadro con idéntico número de tantos en cada lado. En la figura 4 pueden ustedes ver un modelo; en ella la suma de los tantos de cada lado del cuadrado equivale siempre a 11.

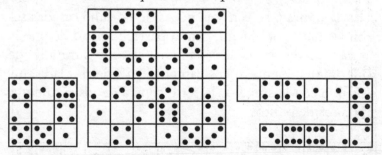

¿Podrían ustedes formar con todas las fichas del dominó siete cuadrados de este tipo? No es necesario que la suma de tantos de cada lado del cuadrado sea en todos ellos la misma. Lo que se exige es que los cuatro lados de cada cuadrado tengan idéntico número de tantos. *(Solución p. 190)*

20. Los cuadrados mágicos del dominó

La figura 5 muestra un cuadrado formado por 18 fichas de dominó, y que ofrece el interés de que la suma de los tantos de cualquiera de sus filas —longitudinales, transversales y diagonales— es en todos los casos igual a 13. Desde antiguo, estos cuadrados llevan el nombre de *mágicos*.

Trate de construir algunos cuadrados mágicos compuestos de 18 fichas, pero en los que la suma de tantos sea otra diferente. Trece es la suma menor en las filas de un cuadrado mágico, formado de 18 fichas. La suma mayor es 23. *(Solución p. 190)*

21. Progresión con las fichas del dominó

En la figura 6 se ven seis fichas de dominó casadas según las reglas del juego, con la particularidad de que la suma total de tantos de cada ficha (en ambas mitades de cada una) aumenta sucesivamente en una unidad: empezando con la suma 4, la serie consta de los siguientes números de puntos:

4, 5, 6, 7, 8, 9.

La serie de números en que cada término consecutivo aumenta (o disminuye) en la misma cantidad respecto del anterior se llama *progresión aritmética*. En la serie que acabamos de exponer, cada término es mayor que el precedente en una unidad, pero la *diferencia* entre los términos de una progresión puede tener otro valor.

Se trata de formar algunas progresiones más a base de 6 fichas. *(Solución p. 191)*

El «Juego del 15» o «Taken»

1	2	3	4
5	6	7	8
9	10	11	12
13	14	15	

7. El juego del 15

La conocida cajita con 15 fichas cuadrangulares numeradas tiene una curiosa historia, que seguramente no sospechan la mayoría de los aficionados a este juego. Vamos a contarla por boca de V. Ahrens, matemático alemán, especialista en juegos.

»Hace aproximadamente un siglo —a finales del decenio del 70— apareció en los Estados Unidos *el juego del 15*, y se difundió con gran rapidez, convirtiéndose' en una verdadera plaga social a causa del número enorme de empedernidos jugadores que con gran pasión se dedicaron a él.

»Otro tanto se observaba a este lado del océano, en Europa. Hasta en los tranvías podía verse a los pasajeros jugando con las cajitas de 15 fichas. En oficinas y comercios, los dueños se desesperaban ante el apasionamiento de sus empleados, viéndose obligados a prohibir el juego durante las horas de trabajo. Los propietarios de establecimientos de recreo utilizaron con habilidad esa manía y organizaron importantes torneos de ese juego. Este se introdujo incluso en los solemnes salones del Reichstag alemán. «Recuerdo, como si estuviera viéndolos en el Reichstag, a personajes encanecidos, que estaban concentrados, con la mirada puesta en la cajita cuadrada que sostenían sus manos" —rememora el eminente geógrafo y matemático Sigmund Hunter, diputado durante los años de la epidemia de este juego.

»En París se jugaba al aire libre" en los bulevares, y desde la capital, la afición se extendió con rapidez a todas las provincias. "No había casita rural solitaria donde ese juego no tuviera su nido, acechando a su víctima, dispuesto a envolverla en sus redes" —decía un escritor francés.

»En 1880, la fiebre del juego alcanzó, por lo visto, el punto culminante. Pero poco después, el tirano fue derribado y reducido por las armas de las matemáticas. Las investigaciones matemáticas acerca de este juego descubrieron que de los numerosos problemas que en él pueden plantearse, sólo la mitad tienen solución y los restantes no hay modo de resolverlos.

»Quedó claro por qué algunos problemas no se rendían ni aun a los esfuerzos más tenaces, y por qué los organizadores de torneos se decidían a establecer premios exorbitantes para la solución de esos problemas. El inventor dio ciento y raya a todos, proponiendo al editor de un rotativo de Nueva York, para el suplemento dominical, un problema insoluble, y ofreciendo un premio de 1 000 dólares al que lo resolviera. Al ver que el editor vacilaba, el inventor manifestó estar dispuesto a facilitar la cantidad indicada de su propio bolsillo. El inventor se llamaba Samuel Lloyd, y los ingeniosos problemas y numerosos rompecabezas de que es autor le habían dado gran popularidad. Es curioso que no pudiera adquirir en Norteamérica la patente del juego inventado por él. De acuerdo con las disposiciones vigentes, debía presentar un modelo de su juego, para que se pudiera verificar una partida de prueba. Propuso al empleado de patentes un problema, y al preguntarle éste si el problema tenía solución, el inventor hubo de contestar: "No; de acuerdo con las matemáticas, es imposible de resolver". "En ese caso —replicó el funcionario— no puedo admitir este modelo, y, por consiguiente, no puede haber patente". Lloyd se conformó con la resolución, pero seguramente hubiera insistido más de haber previsto el inaudito éxito que había de alcanzar su invención» [1].

He aquí el relato que hace el propio inventor, de algunos episodios de la historia de este juego:

»Los que de antiguo frecuentan el reino del ingenio —escribe Lloyd— recuerdan cómo, a comienzos del decenio del 70, obligué a todo el mundo a romperse la cabeza discu-

1   Este episodio lo utilizó MARK TWAIN en la novela *El pretendiente norteamericano*

rriendo, con una cajita de fichas movibles, que se ha hecho famosa con el nombre de *juego del 15* (fig. 7). En una cajita cuadrada, quince fichas numeradas estaban dispuestas en orden correcto, excepto las fichas 14 y 15, que se hallaban en orden inverso, como se ve en la ilustración (fig. 9). Se trataba de poner las fichas en posición normal por medio de cambios sucesivos. Había, por lo tanto, que corregir y restablecer el orden consecutivo de las fichas 14 y 15.

»Nadie obtuvo el premio de 1.000 dólares, ofrecido al que presentara la primera solución del problema, aunque todo el mundo tratara sin descanso de resolverlo. Se contaban divertidas historias acerca de comerciantes que se olvidaban de abrir sus comercios, de honorables funcionarios que se pasaban las noches en claro al pie de las farolas, buscando la solución. Nadie renunciaba a encontrarla, porque todos tenían confianza en el éxito. Se habló de pilotos que por culpa del juego, habían dejado embarrancar los barcos que conducían, de maquinistas que cruzaban las estaciones olvidándose de detener los trenes, de granjeros que abandonaban sus arados».

1	2	3	4
5	6	7	8
9	10	11	12
13	14	15	

8 Posición normal de las fichas.
Posición I

1	2	3	4
5	6	7	8
9	10	11	12
13	15	14	

9 Posición insoluble.
Posición II

Vamos a dar a conocer al lector los principios en que está fundado este juego. Su teoría, en su aspecto total, es muy complicada y se halla estrechamente ligada al álgebra superior, en lo que se refiere a la teoría de las determinantes. Nos limitaremos a algunas consideraciones expuestas por V. Ahrens.

»Ordinariamente, la tarea consiste en colocar las 15 fichas en orden normal, cualquiera que sea la distribución inicial, maniobrando con movimientos sucesivos, que permite la existencia de un lugar vacío. Es decir, colocarlas por orden numérico consecutivo: en el ángulo superior izquierdo el 1, a su derecha el 2, luego el 3 y a continuación, en el ángulo superior derecho, el 4; en la fila siguiente de izquierda a derecha, el 5, 6, 7 y 8, etc. La disposición correcta final es la indicada en la figura 8.

»Imaginen ahora una disposición de las fichas en la que todas se hallen en completo desorden. Efectuando convenientemente algunos movimientos, puede siempre llevarse la ficha al lugar indicado en la figura.

»Sin tocar la ficha 1, también es posible llevar la ficha 2 al lugar inmediato de la derecha. Después, sin tocar las fichas 1 y 2, pueden colocarse las fichas 3 y 4 en sus lugares correspondientes. Si acaso no se encuentran en las dos últimas columnas verticales, es fácil llevarlas a esa zona y luego, con varios movimientos, obtener el resultado deseado. Tenemos ya la fila superior 1, 2, 3 y 4, puesta en orden; en la manipulaciones siguientes que hagamos con las fichas no debemos tocarla. Siguiendo un procedimiento semejante, procuraremos asimismo poner en orden la segunda fila: 5, 6, 7 y 8. Nos convencemos fácilmente de que esto siempre es posible conseguirlo. Luego, en el espacio ocupado por la dos últimas filas, hay que colocar en su lugar las ficha 9 y 13, lo que también puede hacerse siempre. En lo sucesivo, ninguna de las fichas puestas en orden 1, 2, 3, 4, S, 6, 7, 8, 9 y 13, debe moverse; queda un pequeño espacio correspondiente a seis lugares de los cuales uno está libre y los cinco restantes ocupados por las fichas 10, 11, 12, 14 y 15 en orden arbitrario. En este espacio de seis lugares, pueden siempre colocarse en sus puestos correspondientes las fichas 10, 11 y 12. Hecho esto, en la última fila las fichas 14 y 15 estarán colocadas, bien en su orden normal, o al contrario (fig. 9). Siguiendo este procedimiento, que los lectores pueden fácilmente comprobar, resulta que cualquier situación inicial puede llevar a la situación señalada en la figura 8 (posición I o a la de la figura 9 (posición II).

»Si alguna situación, que para abreviar indicaremos con la letra S, puede conducirnos a la posición I, claro que es posible llegar a la situación inversa: convertir la posición I en la situación S, ya que las fichas pueden hacer todos los movimientos en sentido contrario; si, por ejemplo, en el esquema I podemos llevar la ficha 12 al lugar vacío, inmediatamente puede realizarse el movimiento contrario.

»Así, pues, existen dos series de distribución de fichas: unas que pueden transformarse en la posición normal I, y otras en la posición II. Y a la inversa, de la posición normal podemos llegar a cualquier situación de la primera serie, y de la posición II, a cualquier situación de la segunda serie. Finalmente, dentro de una misma serie, cualquier situación puede convertirse en otra de la misma serie.

»¿Podremos ir más allá y unificar las posiciones I y II? Puede demostrarse con toda evidencia (no vamos a entrar en detalles) que estas posiciones no se convierten una en otra, cualquiera que sea el número de los movimientos que se hagan. Por eso, el enorme número de formas en que pueden hallarse distribuidas las fichas se agrupan formando dos series distintas: 1.ª, las que pueden llevarnos a la posición normal I, o sea, a situaciones factibles de llegar a una solución; y 2.°, las que pueden convertirse en la posición II, y por consiguiente no conducirán, en ningún caso, a una posición normal. Son precisamente éstas las distribuciones de fichas a cuya solución se asignaron enormes premios.

»¿Cómo sabremos si una situación dada corresponde a la primera o a la segunda serie? Un ejemplo nos lo aclarará.

1	2	3	4
5	6	7	9
8	10	14	12
13	11	15	

10. Las fichas en desorden

	1	2	3	
4	5	6	7	
8	9	10	11	
12	13	14	15	

11 El primer problema de Lloyd

1	2	3	4
5	6	7	8
9	10	11	12
13	14	15	

12. El segundo problema de Lloyd

»Analicemos la distribución en la figura 10.

»La primera fila, de fichas se halla en orden, así como la segunda a excepción de la ficha última (9). Esta ficha ocupa el lugar que, en la situación normal, corresponde a la ficha 8. La ficha 9 se encuentra, pues, antes que la ficha 8; este adelanto en el orden normal se llama *desorden.* Refiriéndonos a la ficha 9, diremos que hay 1 desorden. Al observar las otras fichas, descubrimos *adelantos* de la ficha 14, pues está colocada tres lugares (delante de las fichas 12, 13 y 11) antes de su situación normal; en este caso ha habido 3 desórdenes (la 14, antes de la 12; la 14, antes de la 13; la 14, antes de la 11). Hemos, pues, contado 1 + 3 = 4 desórdenes. Además, la ficha 12 está colocada antes que la 11; y, asimismo, la 13, antes de la 11. Esto nos da 2 desórdenes más. Resultan en total seis desórdenes. En cualquier colocación, se establece, en forma semejante, el número total de desórdenes, habiendo dejado previamente vacío el lugar correspondiente al ángulo inferior derecho. Si el número total de desórdenes es un número *par,* como en el caso que hemos analizado, la distribución dada puede convertirse en la colocación normal; en otras palabras, pertenece a las solubles. Si el número de desórdenes es *impar,* la colocación pertenece a la segunda serie, es decir, a las insolubles (cero desórdenes se considera como número par).

»Gracias a la clara explicación que las matemáticas han dado de este juego, el febril apasionamiento que antes existió es ahora imposible. Las matemáticas han descubierto la teoría completa del juego, que no deja ni un solo punto oscuro. El resultado del juego no depende dé la casualidad ni del ingenio, como en otros juegos, sino de factores puramente matemáticos, que lo determinan con seguridad absoluta».

Pasemos ahora a exponer algunos rompecabezas, propios de este juego.

He aquí algunos problemas de solución *posible,* ideados por el inventor del juego:

22. Primer problema de Lloyd

Partiendo de la colocación indicada en la figura 10, poner las fichas en orden normal, pero dejando vacío el ángulo superior izquierdo. *(Solución p. 191)*

23. Segundo problema de Lloyd

Partiendo de la colocación de la figura 11, den un cuarto de vuelta a la caja y muevan las fichas hasta que ocupen la posición indicada en la figura 12. *(Solución p. 192)*

24. Tercer problema de Lloyd

Moviendo las fichas según las reglas establecidas, conviertan la caja en un *cuadrado mágico;* es decir, coloquen las fichas, en forma tal que la suma de los números sea 30 en todas las direcciones. *(Solución p. 192)*

El croquet

Planteo a los jugadores de croquet los cinco problemas siguientes:

25. ¿Pasar bajo los aros o golpear la bola del contrario?

Los aros del croquet tienen forma rectangular. Su anchura es dos veces mayor que el diámetro de las bolas. En estas condiciones, ¿qué es más fácil?, ¿pasar el aro, sin rozar el alambre, desde la posición mejor, o a la misma distancia, golpear la bola del contrario? *(Solución p. 193)*

26. La bola y el poste

El poste de croquet, en su parte inferior, tiene un grosor de 6 centímetros. El diámetro de la bola es de 10 cm. ¿Cuántas veces es más fácil dar en la bola que, desde la misma distancia, pegar en el poste? *(Solución p. 194)*

27. ¿Pasar el aro o chocar con el poste?

La bola es dos veces más estrecha que los aros rectangulares y dos veces más ancha que el poste. ¿Qué es más fácil, pasar los aros sin tocarlos desde la posición mejor, o desde la misma distancia, pegar en el poste? *(Solución p. 195)*

28. ¿Pasar la ratonera o dar en la bola del contrario?

La anchura de los aros rectangulares es tres veces mayor que el diámetro de la bola. ¿Qué es más fácil, pasar, desde la mejor posición, la ratonera sin tocarla, o desde la misma distancia, tocar la bola del contrario? *(Solución p. 196)*

29. La ratonera impracticable

¿Qué relación debe existir entre la anchura de los aros rectangulares y el diámetro de la bola, para que sea imposible atravesar la ratonera? *(Solución p. 197)*

Once rompecabezas más

30. El bramante[2]

—¿Más cordel? —preguntó la madre, sacando las manos de la tina en que lavaba—. ¡Como si yo fuera de cordel! No se oye más que cordel, cordel. Ayer mismo te di un buen ovillo. ¿Para qué necesitas tanto? ¿Dónde lo has metido?

—¿Dónde lo he metido? —contestó el muchacho—. Primero me cogiste la mitad...

—¿Con qué quieres que ate los paquetes de ropa blanca?

—La mitad de lo que quedó se la llevó Tom para pescar.

—Debes ser condescendiente con tu hermano mayor.

—Lo fui. Quedó muy poquito y de ello cogió papá la mitad para arreglarse los tirantes que se le habían roto de tanto reírse con el accidente de automóvil. Luego, María necesitó dos quintos del resto, para atar no sé qué...

—¿Qué has hecho con el resto del cordel?

---

2 Este rompecabezas se debe al escritor inglés BARRY PAIN

—¿Con el resto? ¡No quedaron más que 30 cm! Anda, construye un teléfono con un pedazo así…

¿Qué longitud tenía el cordel al principio? *(Solución p. 197)*

31. Calcetines y guantes

En una misma caja hay diez pares de calcetines color café y diez pares negros, y en otra caja hay diez pares de guantes café y otros tantos pares negros. ¿Cuántos calcetines y guantes es necesario sacar de cada caja, para conseguir un par de calcetines y un par de guantes de un mismo color (cualquiera)? *(Solución p. 197)*

32. La longevidad del cabello

¿Cuántos cabellos hay por término medio, en la cabeza de una persona? Se han contado unos 150.000[3]. Se ha determinado también que mensualmente a una persona se le caen cerca de 3.000 pelos.

¿Cómo calcular, basándose en estos datos, cuánto tiempo, por término medio, dura en la cabeza cada pelo? *(Solución p. 198)*

---

3 Extraña a mucha gente que pueda calcularse esto; ¿acaso se han contado los cabellos de la cabeza uno a uno? No, no se ha hecho eso; se ha contado sólo cuántos pelos había en un centímetro cuadrado de superficie de la cabeza. Sabido eso y conociendo la superficie de la piel de la cabeza, cubierta de pelo, es fácil determinar el número total de pelos de la cabeza. En otras palabras; los anatomistas han contado el número de pelos siguiendo el procedimiento utilizado por los silvicultores para contar los árboles que pueblan un bosque determinado.

33. El salario

La última semana he ganado 250 euros, incluyendo el pago por horas extraordinarias. El sueldo asciende a 200 euros más que lo recibido por horas extraordinarias. ¿Cuál es mi salario sin las horas extraordinarias? *(Solución p. 198)*

34. Carrera de esquíes

Un esquiador calculó que si hacía 10 kilómetros por hora, llegaría al sitio designado una hora *después* del mediodía; si la velocidad era de 15 kilómetros por hora, llegaría una hora *antes* del mediodía?

¿A qué velocidad debe correr para llegar al sitio exactamente al mediodía? *(Solución p. 199)*

35. Dos obreros

Dos obreros, uno viejo y otro joven, viven en un mismo apartamento y trabajan en la misma fábrica. El joven va desde casa a la fábrica en 20 minutos; el viejo, en 30 minutos. ¿En cuántos minutos alcanzará el joven al viejo si éste sale de casa 5 minutos antes que el joven? *(Solución p. 200)*

36. Copia de un informe

Se encargó a dos mecanógrafas que copiaran un informe. La que escribía más rápidamente hubiera podido cumplir el encargo en 2 horas; la otra, en 3 horas.

¿En cuánto tiempo copiarán ambas ese informe, si se distribuyen el trabajo para hacerlo en el plazo más breve?

Problemas de este tipo se resuelven generalmente por el método de los conocidos problemas de depósitos. O sea: en nuestro problema, se averigua qué parte del trabajo realiza en una hora cada mecanógrafa; se suman ambos quebrados y se divide la unidad por esta suma. ¿No podría usted discurrir un método diferente, nuevo, para resolver problemas semejantes? *(Solución p. 201)*

37. Dos ruedas dentadas

Un piñón de 8 dientes está engranado con una rueda dentada de 24 dientes (ver fig.). Al dar vueltas la rueda grande, el piñón se mueve por la periferia.

¿Cuántas veces girará el piñón alrededor de su eje, mientras da una vuelta completa alrededor de la rueda dentada grande? *(Solución p. 203)*

38. ¿Cuántos años tiene?

A un aficionado a los rompecabezas le preguntaron cuántos años tenía. La contestación fue compleja:

—Tomad tres veces los años que tendré dentro de tres años, restadles tres veces los años que tenía hace tres años y resultará exactamente los años que tengo ahora.

¿Cuántos años tiene? *(Solución p. 203)*

39. ¿Cuántos años tiene Roberto?

—Vamos a calcularlo. Hace 18 años, recuerdo que Roberto era exactamente *tres veces* más viejo que su hijo.

—Espere; precisamente ahora, según mis noticias, es *dos veces* más viejo que su hijo.

—Y por ello no es difícil establecer cuántos años tienen Roberto y su hijo.

¿Cuántos, lector? *(Solución p. 204)*

40. De compras

Al salir de compras de una tienda de París, llevaba en el portamonedas unos 15 euros en piezas de euro y piezas de 20 céntimos. Al regresar, traía tantos euros como monedas de 20 céntimos tenía al comienzo, y tantas monedas de 20 céntimos como piezas de euro tenía antes. En el portamonedas me quedaba un tercio del dinero que llevaba al salir de compras.

¿Cuánto costaron las compras? *(Solución p. 205)*

¿Sabe usted contar?

41. ¿Sabe usted contar?

La pregunta es un tanto ofensiva para una persona mayor de tres años. ¿Quién no sabe contar? No se necesita un arte especial para decir por orden «uno, dos, tres...» A pesar de todo, estoy seguro de que no siempre resuelve usted este problema, tan sencillo al parecer. Todo depende de lo que haya que contar... No es difícil contar los clavos que hay en un cajón. Pero supongamos que el cajón no contiene sólo clavos, sino clavos y tuercas revueltos, y que se precisa averiguar cuántos hay de unos y de otras. ¿Qué hacer en ese caso? ¿Va usted a colocar los clavos y las tuercas en dos montones y luego contarlos? El mismo problema surge cuando un ama de casa ha de contar la ropa antes de darla a lavar. Primero hace montones, separando las camisas en uno, las toallas en otro, las fundas de almohada en otro, etc. Sólo después de esta labor, bastante fastidiosa, empieza a contar las piezas de cada montón.

¡Eso se llama no saber contar! Porque ese modo de contar objetos heterogéneos es bastante incómodo, complicado y algunas veces incluso irrealizable. Menos mal si lo que hay que contar son clavos o ropa blanca, porque pueden distribuirse con facilidad en montones. Pero, pongámonos en el caso de un silvicultor que necesita contar los pinos, abetos, abedules y pobos que hay por hectárea en una parcela determinada. Le es imposible clasificar los árboles y agruparlos previamente por especies. ¿En qué forma podrá hacerlo? ¿Contará primero sólo los pinos, luego sólo abetos, después los abedules, y a continuación los pobos? ¿Va a recorrer la parcela cuatro veces? ¿No existe acaso un procedimiento que simplifique esa operación, y exija que se recorra la parcela una sola vez? Sí; existe ese procedimiento, y los silvicultores lo utilizan desde antiguo. Voy a exponer en qué consiste, tomando como ejemplo la operación de contar clavos y tuercas. Para contar de una vez cuántos clavos y tuercas hay en el cajón, sin agrupar previamente los objetos de cada clase, tome un lápiz y una hoja de papel, rayada según este modelo:

CLAVOS	TUERCAS

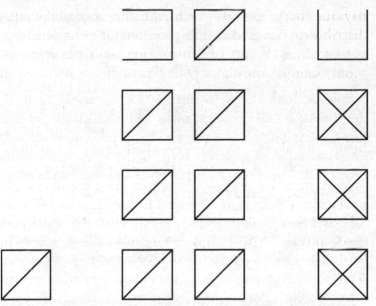

28 Así hay que agrupar las rayas
de 5 en 5

29 Los resultados se disponen de
esta forma

30 Cada cuadro completo vale
por 10

Después empiece a contar. Tome del cajón lo primero que le venga a la mano. Si es un clavo, trace una raya en la casilla correspondiente a los clavos; si es una tuerca, indíquelo con una raya en la casilla de las tuercas. Tome el segundo objeto y haga lo mismo. Tome el tercero, etc., hasta que vacíe el cajón. Al terminar de contar, habrá trazado en la primera casilla tantas rayas como clavos había en el cajón, y en la segunda, tantas como tuercas había. Sólo falta hacer el recuento de las rayas inscritas en cada columna.

El recuerdo de las rayas puede realizarse más fácil y rápidamente no poniéndolas simplemente una tras otra, sino agrupándolas de cinco en cinco, formando, por ejemplo, series como las indicadas en la figura 28.

Esos cuadrados es mejor agruparlos en parejas, es decir, después de las 10 primeras rayas, se pone la undécima en una columna nueva; cuando en la segunda columna haya dos cuadrados, se empieza otro cuadrado en la columna tercera, etc. Las rayas tomarán entonces una forma parecida a la indicada en la figura 29.

Las rayas, así colocadas, es muy fácil contarlas, ya que se ve inmediatamente que hay tres decenas completas, un grupo de cinco y tres rayas más, es decir, 30 + 5 + 3 = 38.

Pueden utilizarse también otras clases de figuras; por ejemplo, se emplean a menudo figuras en las que cada cuadrado completo vale 10 (fig. 30).

Pinos	
Abetos	
Abedules	
Pobos	

31 Gráfico utilizado para contar los árboles del bosque

En una parcela del bosque, para contar árboles de diferentes especies, debe procederse exactamente en la misma forma; pero en la hoja de papel, se precisan cuatro casillas y no dos como acabamos de ver. En este caso, es mejor que las casillas tengan forma apaisada y no vertical. Antes de empezar a contar, la hoja presenta, por consiguiente, la forma indicada en la figura 31.

Al terminar de contar, habrá en la hoja aproximadamente lo que muestra la figura 32.

De este modo resulta facilísimo hacer el balance definitivo:

Pinos	53
Abetos	79
Abedules	46
Pobos	37

Este mismo procedimiento utiliza el médico para contar en el microscopio el número de glóbulos rojos y leucocitos que tiene una muestra de sangre.

Al hacer la lista de la ropa blanca para lavar, el ama de casa puede proceder de igual modo, ahorrando así tiempo y trabajo.

Si tiene que contar, por ejemplo, qué plantas hay en un prado, y cuántas de cada clase, ya sabe cómo podrá hacerlo con la mayor rapidez. En una hoja de papel, escriba previamente los nombres de las plantas indicadas, destinando una casilla a cada una, y dejando algunas casillas libres de reserva par otras plantas que puedan presentarse. Empiece a contar utilizando un gráfico parecido al que se ve en la figura 33.

Después, siga contando como hemos hecho en el caso de la parcela forestal.

Pinos	◨ ◨ ◨ ◨ ◨ ⊓ ◨ ◨ ◨ ◨ ◨
Abetos	◨ ◨ ◨ ◨ ◨ ◨ ◨ ◨ ◨ ◨ ◨ ◨ ◨ ◨ ◨ ☐
Abedules	◨ ◨ ◨ ◨ ◨ ◨ ◨ ◨ ◨ ⏽
Pobos	◨ ◨ ◨ ◨ ◨ ◨ ◨ ⌐

32 El gráfico con los resultados

Dientes de león	
Ronúculos	
Pamplinas	
Bolsas de Pastor	

33 Cómo contar las plantas de un prado

42. ¿Para qué deben contarse los árboles del bosque?

En efecto, ¿qué necesidad hay de contar los árboles del bosque? Esto, a los habitantes de las ciudades les parece incluso empresa imposible. En Ana Karenina, novela de León Tolstoi, Levin entendido en agricultura, pregunta a un pariente suyo, desconocedor de estas cuestiones, que quiere vender un bosque:

»—¿Has contado los árboles?

»— ¿Qué quiere decir eso de contar los árboles?—le responde aquel asombrado—. «Aunque una esclarecida mente podría contar las arenas y los rayos de los planetas...»

»Claro, claro, y la esclarecida mente de Riabinin (comerciante) puede hacerlo. No hay ni un solo comerciante que los compre sin contarlos».

Se cuentan los árboles en el bosque para determinar cuántos metros cúbicos de madera hay en él. Se cuentan los árboles no del bosque entero, sino de una parcela determinada, de media hectárea o de un cuarto de hectárea; se elige una parcela cuyos árboles, por la cantidad, altura, grosor y especie, constituyan el término medio de los de dicho bosque. La elección de la parcela modelo requiere gran experiencia. Al contar, no basta determinar el número de árboles de cada clase; hay que saber además cuántos troncos hay de cada grosor; cuántos de 25 cm, cuántos de 30 cm, cuántos de 35 cm, etc. Por ello, el registro donde va a inscribirse tendrá muchas casillas y no sólo cuatro como el del ejemplo simplificado anterior. Se comprende ahora el número de veces que hubiera sido necesario recorrer el bosque para contar los árboles por un procedimiento corriente, en vez del que acabamos de explicar.

Como se ve, contar es una cosa sencilla y fácil cuando se trata de objetos homogéneos. Para contar objetos heterogéneos es preciso utilizar procedimientos especiales, como los expuestos, de cuya existencia mucha gente no tiene la menor idea.

Rompecabezas numéricos

43. Por cinco euros, cien

Un artista de variedades, en un circo parisiense hacía al público la seductora proposición siguiente:

—Declaro ante testigos que pagaré 100 euros al que me dé 5 euros en veinte monedas; deberá haber, entre estas 20, tres clases de monedas: de 50 céntimos, de 20 céntimos y de 5 céntimos. ¡Cien euros, por cinco! ¿Quién los desea?

Reinó el silencio. El público quedó sumido en reflexiones. Los lápices corrían por las hojas de las libretas de notas; pero nadie aceptaba la propuesta.

—Estoy viendo que el público considera que 5 euros es un precio demasiado elevado para un billete de 100 euros. Bien; estoy dispuesto a rebajar dos euros y a establecer un precio menor: 3 euros, en monedas del valor indicado. ¡Pago 100 euros, por 3! ¡Que se pongan en cola los que lo deseen!

Pero no se formó cola. Estaba claro que el público vacilaba en aprovecharse de aquel caso extraordinario.

—¿Es que 3 euros les parece también mucho? Bien; rebajo un euro más; abonen, en las indicadas monedas, sólo 2 euros, e inmediatamente, entregaré cien euros al que lo haga.

Como nadie se mostrara dispuesto a realizar el cambio, el artista continuó: .

—¡Quizá no tengan ustedes dinero suelto! No se preocupen; pueden dejarlo a deber. ¡Denme sólo escrito en un papel cuántas monedas de cada clase se comprometen a traer!

Por mi parte, estoy dispuesto a pagar también cien euros a todo lector que me envíe por escrito la lista correspondiente. *(Solución p. 206)*

44. Un millar

¿Puede usted expresar el número 1.000 utilizando ocho cifras iguales? (Además de las cifras se permite utilizar también los signos de las operaciones). *(Solución p. 208)*

45. Veinticuatro

Es fácil expresar el número 24 por medio de tres ochos: 8 + 8 + 8. ¿Podrá hacerse esto mismo utilizando no el ocho, sino otras tres cifras iguales? El problema tiene más de una solución.

46. Treinta

El número 30 es fácil expresarlo con tres cincos: 5 x 5 + 5. Es más difícil hacer esto mismo con otras tres cifras iguales. Pruébelo. ¿No lograría encontrar varias soluciones? *(Solución p. 208)*

47. Las cifras que faltan

En la siguiente multiplicación, más de la mitad de las cifras están sustituidas por asterisco.

			*	1	*	
		x	3	*	2	
			*	3	*	
	3	*	2	*		
+	*	2	*	5		
1	*	8	*	3	0	

¿Podría reponer las cifras que faltan? *(Solución p. 208)*

48. ¿Qué números son?

He aquí otro problema del mismo tipo. Se pide la reposición de los números en la multiplicación siguiente:

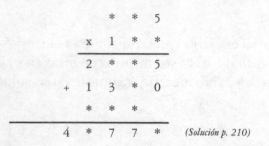

```
        *   *   5
    x   1   *   *
    _____
    2   *   *   5
+   1   3   *   0
    _____
    *   *   *
_____
4   *   7   7   *      (Solución p. 210)
```

49. ¿Qué número hemos dividido?

Repongan las cifras que faltan en la división:

```
*   2   *   5   * | 3   2   5
-   *   *   *     |_____
                  | 1   *   *
    *   0   *   *
-   *   9   *   *
    _____
        *   5   *
    -   *   5   *          (Solución p. 210)
```

50. División por 11

Escriba un número de 9 cifras, sin que se repita ninguna de ellas (es decir, que todas las cifras sean diferentes), y que sea divisible por 11.

Escriba el mayor de todos los números que satisfaga estas condiciones.

Escriba el menor de todos ellos. *(Solución p. 211)*

51. Casos singulares de multiplicación

Fíjese en esta multiplicación de dos números:

$$48 \times 159 = 7632$$

En ella participan las 9 cifras significativas.

¿Podría usted encontrar algunos otros ejemplos semejantes? En caso afirmativo, ¿cuántos hay? *(Solución p. 213)*

52. Triángulo numérico

En los circulitos de este triángulo (fig. 34) coloque las nueve cifras significativas en forma tal que la suma de cada lado sea 20. *(Solución p. 213)*

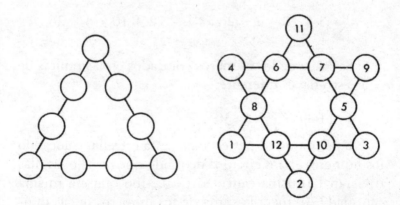

34 Coloque en los circulitos las nueve cifras significativas

35 Estrella numérica de seis puntas

53. Otro triángulo numérico

Hay que distribuir las cifras significativas en los círculos del mismo triángulo (fig. 34) de modo que la suma en cada sea 17. *(Solución p. 213)*

54. Estrella mágica

La estrella numérica de seis puntas dibujada en la figura 35, tiene una propiedad mágica: las seis filas de números dan una misma suma:

$$4 + 6 + 7 + 9 = 26 \qquad 11 + 6 + 8 + 1 = 26$$

$$4 + 8 + 12 + 2 = 26 \qquad 11 + 7 + 5 + 3 = 26$$

$$9 + 5 + 10 + 2 = 26 \qquad 1 + 12 + 10 + 3 = 26$$

La suma de los números colocados en las puntas de la estrella, es diferente:

$$4 + 11 + 9 + 3 + 2 + 1 = 30$$

¿No podría usted perfeccionar esta estrella, colocando los números en los círculos de modo que no sólo las filas tuvieran la misma cantidad (26), sino que esa misma cantidad (26) fuera la suma de los números de las puntas? *(Solución p. 214)*

Relatos de números gigantes

55. Un trato ventajoso

No se sabe cuándo ni dónde ha sucedido esta historia. Es posible que ni siquiera haya sucedido; esto es seguramente lo más probable. Pero sea un hecho o una invención, la historia que vamos a relatar es bastante interesante y vale la pena escucharla.

Un millonario regresaba muy contento de un viaje, durante el cual había tenido un encuentro feliz que le prometía grandes ganancias.

«A veces ocurren estas felices casualidades —contaba a los suyos—. No en balde se dice que el dinero llama al dinero. He aquí que mi dinero atrae más dinero. ¡Y de qué modo tan inesperado! Tropecé en el camino con un desconocido, de aspecto muy corriente. No hubiera entablado conversación si él mismo no me hubiera abordado en cuanto supo que yo era hombre adinerado. Y al final de nuestra conversación, me propuso un negocio tan ventajoso, que me dejó atónito.

—Hagamos —me dijo— el siguiente trato. Cada día, durante todo un mes le entregaré cien mil euros. Claro que no voy a hacerlo gratis, pero el pago es una nimiedad.

El primer día yo debía pagarle, según el trato —risa da decirlo—, sólo un céntimo.

No di crédito a lo que oía:

—¿Un céntimo? —le pregunté de nuevo.

—Un céntimo —contestó—. Por los segundas cien mil euros, pagará usted dos céntimos.

—Bien —dije impaciente—. ¿Y después?

—Después, por las terceros cien mil euros, 4 céntimos; por los cuartos, 8; por los quintos, 16. Así durante todo el mes; cada día pagará usted el doble que el anterior.

—¿Y qué más? —le pregunté.

—Eso es todo —dijo— no le pediré nada más. Pero debe usted mantener el trato en todos sus puntos; todas las mañanas le llevaré cien mil euros y usted me pagará lo estipulado. No intente romper el trato antes de finalizar el mes.

¡Entregar cientos de miles de euros por céntimos! ¡A no ser que el dinero sea falso —pensé— este hombre está loco! De todos modos, es un negocio lucrativo y no hay que dejarlo escapar.

—Está bien —le contesté—. Traiga el dinero. Por mi parte, pagaré puntualmente. Y usted, no me venga con engaños; traiga dinero bueno.

—Puede estar tranquilo —me dijo; espéreme mañana por la mañana.

Sólo una cosa me preocupaba: que no viniera. ¡Que pudiera darse cuenta de lo ruinoso que era el negocio que había emprendido! Bueno, ¡esperar un día, al fin y al cabo no era mucho!

Transcurrió aquel día. En la mañana temprano del día siguiente, el desconocido que el rico había encontrado en el viaje, llamó a la ventana.

—¿Ha preparado usted el dinero? —dijo—; yo he traído el mío.

Y efectivamente, una vez en la habitación, el extraño personaje empezó a sacar el dinero; dinero bueno, nada tenía de falso. Contó cien mil euros justos y dijo:

—Aquí está lo mío, como habíamos convenido. Ahora le toca a usted pagar…

El rico puso sobre la mesa un céntimo y esperó receloso a ver si el huésped tomaría la moneda o se arrepentiría, exigiendo que le devolviera el dinero. El visitante miró el céntimo, lo sopesó y se lo metió en el bolsillo.

—Espéreme mañana a la misma hora. No se olvide de proveerse de dos céntimos —dijo, y se fue.

El rico no daba crédito a su suerte: ¡cien mil euros que le habían caído del cielo! Contó de nuevo el dinero y se convenció de que no era falso. Lo escondió y se puso a esperar la paga del día siguiente.

Por la noche le entraron dudas; ¿no se trataría de un ladrón que se fingía tonto para observar dónde escondía el dinero y luego asaltar la casa acompañado de una cuadrilla de bandidos?

El rico cerró bien las puertas, estuvo mirando y escuchando atentamente por la ventana desde que anocheció, y tardó mucho en quedarse dormido. Por la mañana sonaron de nuevo golpes en la puerta; era el desconocido que traía el dinero. Contó cien mil euros, recibió sus dos céntimos, se metió la moneda en el bolsillo y se marchó diciendo:

—Para mañana prepare cuatro céntimos; no se olvide.

El rico se puso de nuevo contento; los segundos cien mil euros, le habían salido también gratis. Y el huésped no parecía ser un ladrón: no miraba furtivamente, no observaba, no hacía más que pedir sus céntimos. ¡Un extravagante! ¡Ojalá hubiera muchos así en el mundo para que las personas inteligentes vivieran bien!...

El desconocido se presentó también el tercer día y los terceros cien mil euros pasaron a poder del rico a cambio de cuatro céntimos.

Un día más, y de la misma manera llegaron los cuartos cien mil euros por ocho céntimos.

Aparecieron los quintos cien mil euros por 16 céntimos.

Luego los sextos, por 32 céntimos.

A los siete días de haber empezado el negocio, nuestro rico había cobrado ya setecientos mil euros y pagado la nimiedad de: 1 céntimo + 2 céntimos + 4 céntimos + 8 céntimos + 16 céntimos + 32 céntimos + 64 céntimos = 1 euro y 27 céntimos.

Agradó esto al codicioso millonario, que sintió haber hecho el trato sólo para un mes. No podría recibir más de tres millones. ¡Si pudiera convencer al extravagante aquel de que prolongara el plazo aunque sólo fuera por quince días más! Pero temía que el otro se diera cuenta de que regalaba el dinero.

El desconocido se presentaba puntualmente todas las mañanas con sus cien mil euros. El 8° día recibió 1 euro 28 céntimos; el 9°, 2 euros 56 céntimos; el 10°, 5 euros 12 céntimos; el 11°, 10 euros 24 céntimos; el 12°, 20 euros 48 céntimos; el 13°, 40 euros 96 céntimos; el 14°, 81 euros 92 céntimos.

El rico pagaba a gusto estas cantidades; había cobrado ya un millón cuatrocientas mil euros y pagado al desconocido sólo unas 150 euros.

Sin embargo, la alegría del rico no duró mucho; pronto empezó a comprender que el extraño huésped no era un simplón, ni el negocio que había concertado con él era tan ventajoso como le había parecido al principio. A partir del décimo quinto día, por los cien mil euros correspondientes hubo de pagar no céntimos, sino cientos de euros, y las cantidades a pagar aumentaban rápidamente. En efecto, el rico, por la segunda mitad del mes, pagó:

Por las 15os 100.000:   163, 84 céntimos.

Por las 16os 100.000:   327, 68 céntimos

Por las 17os 100.000:   655, 36 céntimos

Por las 18os 100.000:   1.310, 72 céntimos

Por las 19os 100.000:   2.621, 44 céntimos

Sin embargo, el rico consideraba que no sufría pérdidas ni mucho menos. Aunque había pagado más de cinco mil euros, había recibido 1.800.000 euros.

No obstante, las ganancias disminuían de día en día, cada vez con mayor rapidez.

He aquí los pagos posteriores:

Por las 20os 100.000:   5.242, 88 céntimos.

Por las 21os 100.000:   10.485, 76 céntimos

Por las 22os 100.000:   20.971, 52 céntimos

Por las 23os 100.000:   41.943, 4 céntimos

Por las 24os 100.000:   83.886, 8 céntimos

Por las 25os 100.000:   167.772, 16 céntimos

Por las 26os 100.000:   335.544, 32 céntimos

Por las 27os 100.000:   671.088, 64 céntimos

Tenía que pagar ya más de lo que recibía. ¡Qué bien le hubiera venido pararse! Pero no podía rescindir el contrato.

La continuación fue todavía peor. El millonario se convenció, demasiado tarde, de que el desconocido había sido más astuto que él y recibiría mucho más dinero que el que había de pagar.

A partir del día 28, el rico hubo de abonar millones. Por fin, los dos últimos días lo arruinaron. He aquí estos enormes pagos:

Por las 28os 100.000:   1.342.177, 28 céntimos

Por las 29os 100.000:   2.684.354, 56 céntimos

Por las 30os 100.000:   5.368.709, 12 céntimos

Cuando el huésped se marchó definitivamente, el millonario sacó la cuenta de cuánto le habían costado los tres millones de euros a primera vista tan baratos. Resultó que había pagado al desconocido 10.737.418 euros y 23 céntimos.

Casi once millones de euros. Y eso que había empezado pagando un céntimo. El desconocido hubiera podido llevar diariamente trescientos mil euros, y con todo, no hubiera perdido nada.

Antes de terminar esta historia, voy a indicar el procedimiento de acelerar el cálculo de las pérdidas de nuestro millonario; en otras palabras, cómo puede hacerse la suma de la serie de números:

$$1 + 2 + 4 + 8 + 16 + 32 + 64 + \ldots$$

No es difícil observar la siguiente particularidad de estos números:

$$1 = 1$$

$$2 = 1 + 1$$

$$4 = (1 + 2) + 1$$

$$8 = (1 + 2 + 4) + 1$$

$$16 = (1 + 2 + 4 + 8) + 1$$

$$32 = (1 + 2 + 4 + 8 + 16) + 1,$$

etc.

Vemos que cada uno de los números de esta serie es igual al conjunto de todos los anteriores sumados más una unidad. Por eso, cuando hay que sumar todos los números de una serie de éstas, por ejemplo, desde 1 hasta 32.768, bastará añadir al último número (32.768) la suma de todos los anteriores. En otras palabras, le añadimos ese mismo último número restándole previamente la unidad (32.768 - 1). Resulta 65 535.

Siguiendo este método pueden calcularse las pérdidas de nuestro millonario con mucha rapidez si sabemos cuánto ha pagado la última vez. El último pago fue de 5.368.709 euros y 12 céntimos. Por eso, sumando 5.368.709 euros y 12 céntimos y 5.368.709 euros y 11 céntimos, obtendremos inmediatamente el resultado buscado: 10.737.418 euros y 23 céntimos.

56. Propagación de los rumores en una ciudad

¡Es sorprendente cómo se difunde un rumor entre el vecindario de una ciudad! A veces, no han transcurrido aún dos horas desde que ha ocurrido un suceso, visto por algunas personas, cuando la novedad ha recorrido ya toda la ciudad; todos lo conocen, todos lo han oído. Esta rapidez parece sorprendente, sencillamente maravillosa.

Sin embargo, si hacemos cálculos, se verá claro que no hay en ello milagro alguno; todo se explica debido a ciertas propiedades de los números y no se debe a peculiaridades misteriosas de los rumores mismos.

Examinemos, como ejemplo, el siguiente caso.

A las ocho de la mañana, llegó a una ciudad de 50.000 habitantes un vecino de la capital de la nación, trayendo una nueva de interés general. En la casa donde se hospedó, el viajero comunicó la noticia a sólo tres vecinos de la ciudad; convengamos que esto transcurrió en un cuarto de hora, por ejemplo.

Así, pues, a las ocho y cuarto de la mañana conocían la noticia, en la ciudad, sólo cuatro personas; el recién llegado y tres vecinos.

Conocida la noticia, cada uno de estos tres vecinos se apresuró a comunicarla a tres más, en lo que emplearon también un cuarto de hora. Es decir, que a la media hora de haber llegado la noticia, la conocían en la ciudad 4 + (3 x 3) = 13 personas.

Cada uno de los nuevos conocedores la comunicaron en el siguiente cuarto de hora a otros 3 ciudadanos; así que a las 8,45 de la mañana, conocían la noticia 13 + (3 x 9) = 40 ciudadanos.

De continuar de este modo difundiéndose el rumor por la ciudad, es decir, si cada uno que lo oiga logra comunicárselo a tres ciudadanos más en el cuarto de hora siguiente, la ciudad irá enterándose de la noticia de acuerdo con el horario que sigue:

a las 9,00 conocen la noticia 40+(3 x 27) = 121 personas

a las 9,15 conocen la noticia 121+(3 x 81) = 364 personas

a las 9,30 conocen la noticia 364+(3 x 243)= 1.093 personas

A la hora y media de haber aparecido la noticia en la ciudad, la conocen, como vemos, unas 1.100 personas en total. Puede parecer poco para una población de 50.000 habitantes y cabe pensar que la noticia no llegará pronto a ser conocida de todos los habitantes. Sin embargo, observemos la difusión futura del rumor:

a las 9,45 conocen la noticia 1.093+(3 x 729) = 3.280 personas

a las 10,00 conocen la noticia 3.280+(3 x 2187) = 9.841

Un cuarto de hora después, más de la mitad de la población estará ya enterada:

$$9.841 + (3 \times 6.561) = 29.524$$

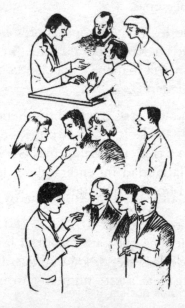

Esto indica que antes de las diez y media de la mañana, absolutamente todos los ciudadanos de la populosa ciudad conocerán la noticia que a las 8 de la mañana sabía sólo una persona.

Examinemos ahora cómo se ha resuelto el cálculo anterior. Nos hemos limitado a sumar una serie de números:

$$1 + 3 + (3 \times 3) + (3 \times 3 \times 3) + (3 \times 3 \times 3 \times 3), \text{ etc.}$$

¿No puede averiguarse esta suma más brevemente, como hemos hecho antes con la suma de los números de la serie $1 + 2 + 4 + 8$, etcétera, etc.? Es posible si tomamos en consideración la siguiente propiedad de los sumandos:

$$1 = 1$$

$$3 = 1 \times 2 + 1$$

$$9 = (1 + 3) \times 2 + 1$$

$$27 = (1 + 3 + 9) \times 2 + 1$$

$$81 = (1 + 3 + 9 + 27) \times 2 + 1, \text{ etc.}$$

En otras palabras, cada número de esta serie es igual al doble de la suma de todos los números anteriores más una unidad.

De aquí se deduce que para encontrar la suma de todos los términos de la serie, desde uno hasta cualquier término, basta agregar a éste número su mitad (habiendo restado previamente al último término la unidad). Por ejemplo, la suma de los números

$$1 + 3 + 9 + 27 + 81 + 243 + 729$$

es igual a 729 más la mitad de 728; es decir, 729 + 364 = 1.093.

En el caso concreto a que nos referimos, cada vecino que sabía la noticia la comunicaba sólo a tres ciudadanos. Pero si los habitantes de la ciudad hubieran sido más locuaces y hubieran comunicado la noticia escuchada, no a tres, sino, por ejemplo, a cinco o a otros diez, está claro que el rumor se hubiera difundido con mucha mayor rapidez todavía. Si, por ejemplo, se transmitiera cada vez a cinco personas, la información de la ciudad presentaría el siguiente cuadro:

a las 8   1 + 5 = 1 persona

a las 8,15 1+5 = 6 personas

a las 8,30 6 + (5 x 5) 31 personas

a las 8,45 31 + (25 x 5) 156 personas

a las 9 15 6 + (125 x 5) = 781 personas

a las 9,15 781 + (625 x 5) = 3.906 personas

a las 9,30 3.906 + (3125 x 5) = 19.531 personas

Antes de las 9,45 de la mañana era ya conocida por los 50 000 habitantes de la ciudad.

El rumor se difunde todavía con mayor rapidez si cada uno de los que lo escuchan transmite la noticia a 10.

Entonces resulta la curiosa serie de números:

a las 8 $\quad = 1$

a las 8,15 $= 1 + 11$

a las 8,30 $= 11 + 100 = 111$

a las 8,45 $= 111 + 1000 = 1.111$

a las 9 $\quad = 1.111 + 10.000 = 11.111$

El número siguiente de esta serie será evidentemente 111.111; lo que indica que toda la ciudad conoce la noticia poco después de las nueve de la mañana. ¡El rumor se extiende en poco más de una hora!

57. Avalancha de bicicletas baratas

En diversos países y épocas han habido comerciantes que han recurrido a un método bastante original para despachar sus mercancías de mediana calidad. Empezaban por publicar en periódicos y revistas de gran difusión el anuncio que reproducimos.

¡Una bicicleta por 10 euros!

Cualquiera puede adquirir una bicicleta,
invirtiendo sólo 10 euros.
¡Aproveche esta ocasión única!
10 euros en vez de 50
REMITIMOS GRATUITAMENTE EL PROSPECTO CON
LAS CONDICIONES DE COMPRA.

Había no pocas personas que, seducidas por el fascinador anuncio, solicitaban las condiciones de esa compra extraordinaria. En contestación al pedido, cada persona recibía un prospecto extenso que decía lo siguiente:

Por el momento, por 10 euros no se le enviaba la bicicleta, sino sólo cuatro billetes, que tenía que distribuir, a 10 euros, entre cuatro conocidos suyos. Los 40 euros recogidos debía remitirlos a la empresa y entonces le mandaban la bicicleta; es decir, que al comprador le costaba efectivamente 10 euros y los otros 40 no los sacaba de su bolsillo. Cierto que además de los 10 euros al contado, el comprador de la bicicleta tenía que soportar algunas molestias para vender los billetes entre los conocidos, mas este pequeño trabajo no valía la pena de tenerlo en cuenta.

¿Qué billetes eran éstos? ¿Qué beneficios alcanzaba el que los compraba por 10 euros? Obtenía el derecho de que se los cambiara la empresa por otros cinco billetes iguales; en otras palabras, adquiría la posibilidad de reunir 50 euros para comprar una bicicleta, que le costaba a él, por consiguiente, sólo 10 euros, es decir, el precio del billete. Los nuevos tenedores de billetes, a su vez, recibían de la empresa cinco billetes cada uno para difundirlos, y así sucesivamente.

A primera vista, daba la sensación de que en todo eso no había engaño alguno. Las promesas del anuncio quedaban cumplidas; la bicicleta, en efecto, costaba al comprador 10 euros. Y la casa no tenía pérdidas; cobraba por la mercancía el precio completo.

Sin embargo, era un verdadero fraude. La *avalancha,* como se llamó a ese negocio sucio, o la *bola de nieve,* como la denominaban los franceses, causaba pérdidas a los numerosos participantes que no conseguían vender los billetes comprados. Esos eran los que pagaban a la empresa la diferencia entre los 50 euros del precio de la bicicleta y los 10 que se pagaban por ella. Tarde o temprano, llegaba infaliblemente un momento en que los poseedores de billetes no podían encontrar a nadie dispuesto a adquirirlos. De que esto tenía indefectiblemente que ocurrir así, se convencerán ustedes si tomando un lápiz, siguen el curso del proceso y anotan el ímpetu creciente del número de personas arrastradas por la avalancha.

El primer grupo de compradores que recibe sus billetes directamente de la casa, de ordinario, encuentra compradores sin esfuerzo alguno; cada uno facilita billetes a cuatro nuevos participantes.

Estos cuatro deben vender sus billetes a 4 x 5, es decir, a otros 20, convenciéndoles de las ventajas de esa compra. Supongamos que lo consigan, y ya tenemos reclutados 20 compradores.

La avalancha avanza. Los 20 nuevos dueños de billetes deben distribuirlos a 20 x 5 = 100 personas más.

Hasta este momento, cada uno de los *fundadores* de la avalancha ha arrastrado a ella a

1 +4 +20 +100 = 125 personas.

de las cuales 25 han recibido una bicicleta cada uno, y 100 sólo la esperanza de adquirirla, por la que han pagado 10 euros.

La avalancha, en ese momento, sale del estrecho círculo de las personas conocidas y empieza a extenderse por la ciudad, donde, sin embargo, es cada vez más difícil encontrar nuevos compradores de billetes. El indicado centenar de poseedores de billetes debe venderlos a 500 ciudadanos más, los que a su vez habrán de reclutar 2.500 nuevas víctimas. La ciudad queda muy pronto inundada de billetes, y resulta bastante difícil encontrar nuevas personas dispuestas y deseosas de comprarlos.

Ya ven ustedes que el número de personas arrastradas por la avalancha crece en virtud de la misma ley matemática que acabamos de examinar al referirnos a la divulgación de rumores. He aquí la pirámide numérica que resulta en este caso:

1

4

20

100

500

2.500

12.500

62.500

Si la ciudad es grande y toda la población capaz de montar en bicicleta asciende a 62500 personas, en el momento que examinamos, es decir, a la octava *vuelta*, la avalancha debe desaparecer. Todos han resultado absorbidos por ella, pero sólo la quinta parte ha recibido bicicleta; las restantes 4/5 partes tienen en sus manos billetes, pero no encuentran a quien venderlos.

Una ciudad de población más numerosa, incluso una capital de varios millones de habitantes, puede saturarse de billetes *prometedores* al cabo de pocas vueltas, ya que la magnitud de la avalancha aumenta con rapidez increíble. He aquí los pisos siguientes de nuestra pirámide numérica:

312.500

1.562.500

7.812.500

39.062.500

La vuelta 12ª de la avalancha, como ven, podría arrastrar a la población de toda una nación, y 4/5 de la población quedarían engañados por los organizadores de la avalancha.

Resumamos lo que consigue la casa al organizar la avalancha. Obliga a 4/5 de la población a pagar una mercancía adquirida por la quinta parte restante; en otras palabras, obliga a cuatro ciudadanos a beneficiar a uno.

Además, la casa comercial recluta sin gasto alguno un enorme número de agentes, celosos distribuidores de su mercancía. Un periodista caracterizó muy bien esta especulación llamándola avalancha de engaño mutuo. El número gigante que se oculta tras ese negocio, castiga a los que no saben utilizar el cálculo aritmético para proteger sus propios intereses de los atentados de una partida de desaprensivos.

58. La recompensa

Según una leyenda, sucedió en la Antigua Roma, hace muchos siglos, lo siguiente[4].

El jefe militar Terencio llevó a cabo felizmente, por orden del emperador, una campaña victoriosa, y regresó a Roma con gran botín. Llegado a la capital, pidió que le dejaran ver al emperador.

Este le acogió cariñosamente, alabó sus servicios militares al Imperio, y como muestra de agradecimiento, le ofreció como recompensa darle un alto cargo en el Senado.

Mas Terencio, al que eso no agradaba, le replicó:

—He alcanzado muchas victorias para acrecentar tu poderío y nimbar de gloria tu nombre, ¡oh, soberano! No he tenido miedo a la muerte, y muchas vidas que tuviera las sacrificaría con gusto por ti. Pero estoy cansado

---

4   Este relato, libremente reproducido, está tomado de un manuscrito latino antiguo, que pertenece a una biblioteca particular inglesa.

de luchar; mi juventud ya ha pasado y la sangre corre más despacio por mis venas. Ha llegado la hora de descansar: quiero trasladarme a la casa de mis antepasados y gozar de la felicidad de la vida doméstica.

—¿Qué quisieras de mí, Terencio? —le preguntó el emperador.

—¡Óyeme con indulgencia, oh, soberano! Durante mis largos años de campaña, cubriendo cada día de sangre mi espada, no pude ocuparme de crearme una posición económica. Soy pobre, soberano...

—Continúa, valiente Terencio.

—Si quieres otorgar una recompensa a tu humilde servidor —continuó el guerrero, animándose—, que tu generosidad me ayude a que mi vida termine en la paz y la abundancia, junto al hogar. No busco honores ni una situación elevada en el poderoso Senado. Desearía vivir alejado del poder y de las actividades sociales para descansar tranquilo. Señor, dame dinero con que asegurar el resto de mi vida.

El emperador —dice la leyenda— no se distinguía por su largueza. Le gustaba ahorrar para sí y cicateaba el dinero a los demás. El ruego del guerrero le hizo meditar.

—¿Qué cantidad, Terencio, considerarías suficiente? —le pregunto.

— Un millón de denarios, Majestad.

El emperador quedó de nuevo pensativo. El guerrero esperaba, cabizbajo. Por fin el emperador dijo:

—¡Valiente Terencio! Eres un gran guerrero y tus hazañas te han hecho digno de una recompensa espléndida. Te daré riquezas. Mañana a mediodía te comunicaré aquí mismo lo que haya decidido.

Terencio se inclinó y se retiró.

Al día siguiente, a la hora convenida, el guerrero se presentó en el palacio del emperador.

—¡Ave, valiente Terencio! —le dijo el emperador.

Terencio bajó sumiso la cabeza.

—He venido, Majestad, para oír tu decisión. Benévolamente me prometiste una recompensa.

El emperador contestó:

—No quiero que un noble guerrero como tú, reciba, en premio a sus hazañas, una recompensa mezquina. Escúchame. En mi tesorería hay cinco millones de *bras* de cobre[5].

Escucha mis palabras: ve a la tesorería, coge una moneda, regresa aquí y deposítala a mis pies. Al día siguiente vas de nuevo a la tesorería, coges una nueva moneda equivalente a dos *bras* y la pones aquí junto a la primera. El tercer día traerás una moneda equivalente a 4 *bras;* el cuarto día, una equivalente a 8 *bras;* el quinto, a 16, y así sucesivamente, duplicando cada vez el valor de la moneda del día anterior. Yo daré orden de que cada día

---

5   Moneda que valía la quinta parte de un denario.

preparen la moneda del valor correspondiente. Y mientras tengas fuerzas suficientes para levantar las monedas, las traerás desde la tesorería. Nadie podrá ayudarte; únicamente debes utilizar tus fuerzas. Y cuando notes que ya no puedes levantar la moneda, detente: nuestro convenio se habrá cumplido, y todas las monedas que hayas logrado traer, serán de tu propiedad y constituirán tu recompensa.

Terencio escuchaba ávidamente cada palabra del emperador. Imaginaba el enorme número de monedas, a cada una mayor que la anterior, que sacaría de la tesorería imperial.

—Me satisface tu merced, Majestad —contestó con sonrisa feliz—, ¡la recompensa es verdaderamente generosa!

45
La primera moneda

46
La séptima moneda

47
La novena moneda

Empezaron las visitas diarias de Terencio a la tesorería imperial. Esta se hallaba cerca del salón del trono, y los primeros viajes no costaron esfuerzo alguno a Terencio.

El primer día sacó de la tesorería un solo *bras*. Era una pequeña monedita de 21 mm de diámetro y 5 g de peso[6].

El segundo, tercero, cuarto, quinto y sexto viajes fueron también fáciles: el guerrero trasladó monedas que pesaban 2, 4, 8, 16 Y 32 veces más que la primera.

La séptima moneda pesaba 320 gramos —según el sistema moderno de pesas y medidas— y tenía 8 cm. de diámetro (84 mm exactamente)[7].

El octavo día, Terencio hubo de sacar de la tesorería una moneda correspondiente a 128 unidades monetarias. Pesaba 640 gramos y tenía unos 10,50 cm. de anchura.

El noveno día, Terencio llevó al salón imperial una moneda equivalente a 256 unidades monetarias. Tenía 13 cm. de ancho y pesaba 1,25 kg.

El duodécimo día, la moneda alcanzó casi 27 cm. de diámetro con un peso de 10,25 kg.

El emperador, que hasta aquel entonces había contemplado afablemente al guerrero, no disimulaba ya su triunfo. Veía que Terencio había hecho 12 viajes y sacado de la tesorería poco más de 2.000 monedas de cobre.

---

6   El peso y tamaño aproximados de una moneda de 20 céntimos de euro, acuñada en nuestros días.

7   Si una moneda es de un volumen 64 veces mayor que otra corriente, su anchura y grosor son sólo 4 veces mayores, ya que 4 x 4 x 4=64. Hay que tener esto presente al hacer los cálculos siguientes del tamaño de las monedas de que se habla en el relato.

48
La undécima
moneda

49
La decimotercera
moneda

50
La decimoquinta
moneda

El día decimotercero esperaba a Terencio una moneda equivalente a 4.096 unidades monetarias. Tenía unos 34 cm. de ancho y su peso era igual a 20,5 kg.

El día decimocuarto, Terencio sacó de la tesorería una pesada moneda de 41 Kg. de peso y unos 42 cm. de anchura.

—¿Estás ya cansado, mi valiente Terencio? —le preguntó el emperador, reprimiendo una sonrisa.

—No, señor mío —contestó ceñudo el guerrero, secándose el sudor que bañaba su frente.

Llegó el día decimoquinto. Ese día, la carga de Terencio fue pesada. Se arrastró lentamente hasta el emperador, llevando una enorme moneda formada por 16.384 unidades monetarias. Tenía 53 cm. de anchura y pesaba 80 Kg.: el peso de un guerrero talludo.

51
La decimosexta moneda

52
La decimoséptima moneda

El día decimosexto, el guerrero se tambaleaba bajo la carga que llevaba a cuestas. Era una moneda equivalente a 32.768 unidades monetarias, de 164 Kg. de peso y 67 cm. de diámetro.

El guerrero había quedado extenuado y respiraba con dificultad. El emperador sonreía...

Cuando Terencio apareció, al día siguiente, en el salón del trono del emperador, fue acogido con grandes carcajadas. No podía llevar en brazos su carga, y la hacía rodar ante él. La moneda tenía 84 cm. de diámetro y pesaba 328 Kg. Correspondía al peso de 65.536 unidades monetarias.

El decimoctavo día fue el último de enriquecimiento de Terencio. Aquel día terminaron las idas y venidas desde la tesorería al salón del emperador. Esta vez hubo de llevar una moneda correspondiente a 131.072 unidades monetarias. Tenía más de un metro de diámetro y pesaba 655 Kg. Utilizando la lanza como si fuera una palanca, Terencio, con enorme esfuerzo, apenas si pudo hacerla llegar rodando al salón. La gigantesca moneda cayó con estrépito a las plantas del emperador.

Terencio se hallaba completamente extenuado.

—No puedo más… Basta —susurró.

El emperador reprimió con esfuerzo una carcajada de satisfacción al ver el éxito completo de su astucia. Ordenó al tesorero que contara cuántos *bras,* en total, había llevado Terencio al salón del trono.

El tesorero cumplió la orden y dijo:

—Majestad; gracias a tu largueza, el guerrero Terencio ha recibido una recompensa de 262.143 *bras.*

Así, pues, el avaro emperador entregó al guerrero alrededor de la vigésima parte de la suma de un millón de denarios que había solicitado Terencio.

Comprobemos los cálculos del tesorero, y de paso, el peso de las monedas. Terencio llevó:

El día 1   1 bras con un peso de 5 gr.

El día 2   2 bras con un peso de 10 gr.

El día 3   4 bras con un peso de 20 gr.

El día 4   8 bras con un peso de 40 gr.

El día 5   16 bras con un peso de 80 gr.

El día 6   32 bras con un peso de 160 gr.

El día 7   64 bras con un peso de 320 gr.

El día 8   128 bras con un peso de 640 gr.

El día 9   256 bras con un peso de 1 kg. 280 gr.

El día 10 512 bras con un peso de 2 kg. 560 gr.

El día 11 1.024 bras con un peso de 5 kg. 120 gr.

El día 12 2.048 bras con un peso de 10 kg. 240 gr.

El día 13 4.096 bras con un peso de 20 kg. 480 gr.

Conocemos ya el procedimiento para calcular fácilmente la suma de números que forman series de este tipo; para la segunda columna, esta suma es igual a 262.143, de acuerdo con la regla indicada en la página 74. Terencio había solicitado del emperador un millón de denarios, o sea, 5.000.000 de *bras*. Por consiguiente recibió:

5.000.000: 262.143 = 19 veces menos que la suma pedida.

59. Leyenda sobre el tablero del ajedrez

El ajedrez es un juego antiquísimo. Cuenta muchos siglos de existencia y por eso no es de extrañar que estén ligadas a él leyendas cuya veracidad es difícil comprobar debido a su antigüedad. Precisamente quiero contar una de éstas. Para comprenderla no hace falta saber jugar al ajedrez; basta simplemente saber que el tablero donde se juega está dividido en 64 escaques (casillas negras y blancas, dispuestas alternativamente).

El juego del ajedrez fue inventado en la India. Cuando el rey hindú SHERAM lo conoció, quedó maravillado de lo ingenioso que era y de la variedad de posiciones que en él son posibles. Al enterarse de que el inventor era uno de sus súbditos, el rey lo mandó llamar con objeto de recompensarle personalmente por su acertado invento.

El inventor, llamado SETA, se presentó ante el soberano. Era un sabio vestido con modestia, que vivía gracias a los medios que le proporcionaban sus discípulos.

—Seta, quiero recompensarte dignamente por el ingenioso juego que has inventado —dijo el rey.

El sabio contestó con una inclinación.

—Soy bastante rico como para poder cumplir tu deseo más elevado —continuó diciendo el rey—. Di la recompensa que te satisfaga y la recibirás.

Seta continuó callado.

—No seas tímido —le animó el rey—. Expresa tu deseo. No escatimaré nada para satisfacerlo.

—Grande es tu magnanimidad, soberano. Pero concédeme un corto plazo para meditar la respuesta. Mañana, tras maduras reflexiones, te comunicaré mi petición.

Cuando al día siguiente Seta se presentó de nuevo ante el trono, dejó maravillado al rey con su petición, sin precedente por su modestia.

—Soberano —dijo Seta—, manda que me entreguen un grano de trigo por la primera casilla del tablero del ajedrez.

—¿Un simple grano de trigo? —contestó admirado el rey.

—Sí, soberano. Por la segunda casilla, ordena que me den dos granos: por la tercera, 4; por la cuarta, 8; por la quinta, 16; por la sexta, 32...

—Basta —le interrumpió irritado el rey—. Recibirás el trigo correspondiente a las 64 casillas del tablero de acuerdo con tu deseo: por cada casilla doble cantidad que por la precedente. Pero has de saber que tu petición es indigna de mi generosidad. Al pedirme tan mísera recompensa, menosprecias, irreverente, mi benevolencia. En verdad que, como sabio que eres, deberías haber dado mayor prueba de respeto ante la bondad de tu soberano. Retírate. Mis servidores te sacarán un saco con el trigo que solicitas.

Seta sonrió, abandonó la sala y quedó esperando a la puerta del palacio.

En una pausa durante la comida, el rey se acordó del inventor del ajedrez y envió a que se enteraran de si habían ya entregado al irreflexivo Seta su mezquina recompensa.

—Soberano, están cumpliendo tu orden —fue la respuesta—. Los matemáticos de la corte calculan el número de granos que le corresponde.

El rey frunció el ceño. No estaba acostumbrado a que tardaran tanto en cumplir sus órdenes.

Por la noche al retirarse a descansar, el rey preguntó de nuevo cuánto tiempo hacía que Seta había abandonado el palacio con su saco de trigo.

—Soberano —le contestaron—, tus matemáticos trabajan sin descanso y esperan terminar los cálculos al amanecer.

—¿Por qué va tan despacio este asunto? —gritó iracundo el rey—. Que mañana, antes de que me despierte, hayan entregado a Seta hasta el último grano de trigo. No acostumbro a dar dos veces una misma orden.

Por la mañana comunicaron al rey que el matemático mayor de la corte solicitaba audiencia para presentarle un informe muy importante.

El rey mandó que le hicieran entrar.

—Antes de comenzar tu informe —le dijo Sheram—, quiero saber si se ha entregado por fin a Seta la mísera recompensa que ha solicitado.

—Precisamente para eso me he atrevido a presentarme tan temprano —contestó el anciano—. Hemos calculado escrupulosamente la cantidad total de granos que desea recibir Seta. Resulta una cifra tan enorme…

—Sea cual fuere su magnitud —le interrumpió con altivez el rey— mis graneros no empobrecerán. He prometido darle esa recompensa, y por lo tanto, hay que entregársela.

—Soberano, no depende de tu voluntad el cumplir semejante deseo. En todos tus graneros no existe la cantidad de trigo que exige Seta. Tampoco existe en los graneros de todo el reino. Hasta los graneros del mundo entero son insuficientes. Si deseas entregar sin falta la recompensa prometida, ordena que todos los reinos de la Tierra se conviertan en labrantíos, manda desecar los mares y océanos, ordena fundir el hielo y la nieve que cubren los lejanos desiertos del Norte. Que todo el espacio sea totalmente sembrado de trigo, y ordena que toda la cosecha obtenida en estos campos sea entregada a Seta. Sólo entonces recibirá su recompensa.

—El rey escuchaba lleno de asombro las palabras del anciano sabio.

—Dime cuál es esa cifra tan monstruosa —dijo reflexionando.

—Oh, soberano! Dieciocho *trillones* cuatrocientos cuarenta y seis mil setecientos cuarenta y cuatro *billones* setenta y tres mil setecientos nueve *millones* quinientos cincuenta y un mil seiscientos quince.

Esta es la leyenda. No podemos asegurar que haya sucedido en realidad lo que hemos contado; sin embargo, la recompensa de que habla la leyenda debe expresarse por ese número; de ello pueden convencerse, haciendo ustedes mismos el calculo. Si se comienza por la unidad, hay que sumar las siguientes cifras: 1, 2, 4, 8, etc. El resultado obtenido tras 63 duplicaciones sucesivas nos mostrará la cantidad correspondiente a la casilla 64, que deberá recibir el inventor. Operando como se ha indicado anteriormente, podemos fácilmente hallar la suma total de granos, si duplicamos el último número, obteniendo para la casilla 64, y le restamos una unidad. Es decir, el cálculo se reduce simplemente a multiplicar 64 veces seguidas la cifra dos:

2 x 2 x 2 x 2 x 2 x 2, y sucesivamente 64 veces.

Con objeto de simplificar el cálculo, podemos dividir estos 64 factores en seis grupos de diez doses y uno de cuatro doses. La multiplicación sucesiva de diez doses, como es fácil comprobar es igual a 1024 y la de cuatro doses es de 16. Por lo tanto el resultado que buscamos es equivalente a:

1.024 x 1.024 x 1.024 x 1.024 x 1.024 x 1.024 x 16.

Multiplicando 1.024 x 1.024 obtenemos 1.048.576.

Ahora nos queda por hallar:

1.048.576 x 1.048.576 x 1.048.576 x 16.

Restando del resultado una unidad, obtendremos el número de granos buscado.

18.446.744.073.709.551.615.

Para hacernos una idea de la inmensidad de esta cifra gigante, calculemos aproximadamente la magnitud del granero capaz de almacenar semejante cantidad de trigo. Es sabido que un metro cúbico de trigo contiene cerca de 15 millones de granos. En ese caso, la recompensa del inventor del ajedrez deberá ocupar un volumen aproximado de 12.000.000.000.000 m^3, o lo que es lo mismo, 12.000 Km^3. Si el granero tuviera 4 m de alto y 10 m de ancho, su longitud habría de ser de 300.000.000 de Km., o sea, el doble de la distancia que separa la Tierra del Sol.

El rey hindú, naturalmente, no pudo entregar semejante recompensa. Sin embargo, de haber estado fuerte en matemáticas, hubiera podido librarse de esta deuda tan gravosa. Para ello le habría bastado simplemente proponer a Seta que él mismo contara, grano a grano, el trigo que le correspondía.

Efectivamente, sí Seta, puesto a contar, hubiera trabajado noche y día, contando un grano por segundo, habría contado en el primer día 86.400 granos. Para contar un millón de granos hubiera necesitado, como mínimo, diez días de continuo trabajo. Un metro cúbico de trigo lo hubiera contado aproximadamente en medio año, lo que supondría un total de cinco *cuartos*. Haciendo esto sin interrupción durante diez años, hubiera contado *cien cuartos* como máximo. Por consiguiente, aunque Seta hubiera consagrado el resto de su vida a contar los granos de trigo que le correspondían, habría recibido sólo una parte ínfima de la recompensa exigida.

60. Reproducción rápida de las plantas y de los animales

Una cabeza de amapola, en la fase final de su desarrollo, está repleta de minúsculas semillas, cada una de las cuales puede originar una nueva planta. ¿Cuántas amapolas se obtendrían si germinaran, sin excepción, todas las semillas? Para saberlo es preciso contar las semillas contenidas en una cabeza de amapola. Es una tarea larga y aburrida, pero el resultado obtenido es tan interesante, que merece la pena armarse de paciencia y hacer el recuento hasta el fin. La cabeza de una amapola tiene (en números redondos) tres mil semillas.

¿Qué se deduce de esto? Que si el terreno que rodea a nuestra planta fuera suficiente y adecuado para el crecimiento de esta especie, cada semilla daría, al caer al suelo, un nuevo tallo, y al verano siguiente, crecerían en ese sitio, tres mil amapolas. ¡Un campo entero de amapolas de una sola cabeza!

Veamos lo que ocurriría después. Cada una de las 3.000 plantas daría, como mínimo, una cabeza (con frecuencia, varias), conteniendo 3.000 semillas cada una. Una vez crecidas, las semillas de cada cabeza darían 3.000 nuevas plantas, y por tanto, al segundo año tendríamos ya

3.000 x 3.000 = 9.000.000 de plantas.

Es fácil calcular que al tercer año, el número de nuevas plantas, procedentes de nuestra amapola inicial, alcanzaría ya

9.000.000 x 3.000 = 27.000.000.000.

Al cuarto año

$$27.000.000.000 \times 3.000 = 81.000.000.000.000$$

En el quinto año faltaría a las amapolas sitio en la Tierra, pues el número de planta sería igual a

$$81.000.000.000.000 \times 3.000 =$$
$$243.000.000.000.000.000$$

La superficie terrestre, o sea, todos los continentes e islas del globo terráqueo, ocupan un área total de 135 millones de kilómetros cuadrados —135.000.000.000.000 de m^2— aproximadamente 2.000 veces menor que el número de amapolas que hubieran debido crecer.

Vemos, por lo tanto, que si todas las semillas de amapola crecieran y se reprodujesen normalmente, la descendencia procedente de una sola planta podría, al cabo de cinco años, cubrir por completo toda la tierra firme de nuestro planeta de una maleza espesa, a un promedio de dos mil plantas en cada metro cuadrado. ¡Esta es la cifra gigante oculta en una diminuta semilla de amapola!

Haciendo un cálculo semejante, no sobre la amapola, sino sobre cualquier otra planta que produzca semillas en menor número, obtendríamos resultados parecidos, con la única diferencia de que su descendencia cubriría toda la superficie terrestre, no en cinco años, sino en un plazo algo mayor. Tomemos, por ejemplo, un diente de león, que produce aproximadamente cada año 100 semillas[8]. Si todas ellas crecieran obtendríamos:

---

8   En una cabeza de diente de león se han llegado a contar cerca de doscientas semillas.

En un año .... 1 planta

En 2 años .... 100 plantas

En 3 años .... 10.000 plantas

En 4 años .... 1.000.000 plantas

En 5 años .... 100.000.000 plantas

En 6 años .... 10.000.000.000 plantas

En 7 años .... 1.000.000.000.000 plantas

En 8 años .... 100.000.000.000.000 plantas

En 9 años .... 10.000.000.000.000.000 plantas

Este número de plantas es setenta veces superior al número de metros cuadrados de tierra firme que existen en el globo terrestre.

Por consiguiente, al noveno año, los continentes de la Tierra quedarían totalmente cubiertos de dientes de león, habiendo setenta plantas en cada metro cuadrado de superficie.

¿Por qué, en la realidad, no se produce una reproducción tan rápida y abundante? Se debe a que la inmensa mayoría de las semillas mueren sin germinar, bien porque no caen en terreno apropiado para su desarrollo, bien porque al iniciarse el crecimiento son ahogadas por otra planta, o bien, finalmente, porque son destruidas por los animales. Pero si la destrucción en masa de semillas y retoños no se verificara, cada planta, en un período de tiempo relativamente breve, cubriría completamente nuestro planeta.

Este fenómeno ocurre no sólo con las plantas, sino también con los animales. De no interrumpir la muerte su multiplicación, la descendencia de una pareja cualquiera de animales, tarde o temprano ocuparía toda la Tierra. Una plaga de langosta, que cubre totalmente espacios enormes, puede servirnos de ejemplo para dar una idea de lo que ocurriría si la muerte no obstaculizara el proceso de reproducción de los seres vivos. En el curso de unos dos o tres decenios, todos los continentes se cubrirían de bosques y estepas intransitables abarrotados de millones de animales, luchando entre sí por conseguir sitio. El océano se llenaría de peces en tal cantidad que se haría imposible la navegación marítima. El aire perdería casi totalmente su transparencia debido al inmenso número de pájaros e insectos.

Examinemos, a modo de ejemplo, la rapidez con que se multiplica la mosca doméstica de todos conocida. Aceptemos que cada mosca deposita ciento veinte huevecillos y que durante el verano tienen tiempo de aparecer siete generaciones, en cada una de las cuales la mitad son machos y la mitad hembras. Supongamos que la mosca en cuestión deposita por primera vez los huevos el 15 de abril y que cada hembra, en veinte días, crece lo suficiente para poder ella misma depositar nuevos huevos. En ese caso, la reproducción se desarrollará en la forma siguiente:

15 de abril: cada hembra deposita 120 huevos; a comienzos de mayo nacen 120 moscas, de las cuales 60 son hembras;

5 de mayo: cada hembra deposita 120 huevos; a mediados de mayo aparecen 60 x 120 = 7.200 moscas, de las cuales 3 600 son hembras;

25 de mayo: cada una de las 3.600 hembras deposita 120 huevos; a comienzos de junio nacen 3.600 x 120 = 432.000 moscas, de las cuales la mitad, 216.000, son hembras;

14 de junio: las 216000 hembras depositan 120 huevos cada una; a finales de junio habrá 25920000 moscas, entre ellas 12 960 000 son hembras;

5 de julio: cada una de esas 12.960.000 hembras deposita 120 huevos; en julio nacen 1 555 200000 moscas más, de las que 777.600.000 son hembras;

25 de julio: nacen 93.312.000.000 moscas, de ellas 46.656.000.000 son hembras;

13 de agosto: nacen 5.598.720.000.000 moscas, de las cuales 2.799.360.000.000 son hembras;

1 de septiembre: nacen 355.923.200.000.000 moscas. Para comprender mejor lo que supone esta enorme cantidad de moscas, todas procedentes de una sola pareja, si la reproducción se verifica sin impedimento alguno durante un verano, imaginemos que todas ellas están dispuestas en línea recta, una junto a la otra. Midiendo una mosca, por término medio, 5 mm, todas ellas colocadas una tras otra, formarán una fila de 2500 millones de Km., o sea, una distancia dieciocho veces mayor que la que separa la Tierra del Sol (aproximadamente como de la Tierra al planeta Urano).

Como conclusión, citemos algunos casos *reales* de multiplicación extraordinariamente rápida de animales, en condiciones favorables.

Al principio, en América no existían *gorriones*. Este pájaro, tan corriente entre nosotros, fue llevado a los Estados Unidos con el fin de exterminar allí los insectos nocivos. Los gorriones, como sabemos comen en abundancia orugas voraces y otros insectos destructores de plantas en huertos y jardines. El nuevo ambiente fue del agrado dé los gorriones; en América no había, por aquel entonces, aves de rapiña que se alimentaran de gorriones y, por lo tanto, éstos comenzaron a reproducirse con gran rapidez. Al poco tiempo, el número de insectos nocivos decreció notoriamente. Pero los gorriones se multiplicaron en tal forma que ante la escasez de alimento animal, comenzaron a comer vegetales y a devastar los sembrados[9]. Hubo, pues, necesidad de emprender la lucha contra los gorriones. Esta lucha costó tan cara a los norteamericanos que se promulgó una ley prohibiendo la importación futura a dicho país de cualquier especie de animales.

Otro ejemplo. En Australia no existían *conejos* cuando ese continente fue descubierto por los europeos. Llevaron allí el conejo a finales del siglo XVIII, y como en ese país no había animales carnívoros que se alimentasen de conejos, el proceso de reproducción de estos roedores se desarrolló a ritmo rapidísimo. Poco tiempo después, los conejos, en masas enormes, habían invadido toda

---

9   En las islas Hawai desplazaron a todos los demás pájaros menudos.

Australia, ocasionando terribles daños a la agricultura y convirtiéndose en una verdadera plaga para el país. En la lucha contra ese azote de la agricultura se emplearon colosales recursos y sólo gracias a medidas enérgicas se llegó a contrarrestar esa desgracia. Un caso semejante se repitió más tarde en California.

La tercera historia que deseo relatar y que sirve de enseñanza, ocurrió en la isla de Jamaica. En esa isla había serpientes venenosas en gran abundancia. Para librarse de ellas se decidió llevar a la isla el *pájaro serpentario,* destructor furibundo de serpientes venenosas. En efecto, poco tiempo después, el número de serpientes había disminuido considerablemente. En cambio, se multiplicaron de manera extraordinaria las ratas de campo, que antes eran devoradas por las serpientes. Las ratas ocasionaron daños tan terribles en las plantaciones de caña de azúcar que los habitantes del país se vieron obligados a buscar urgentemente la forma de exterminarlas. Es sabido que el *mungo* indio es enemigo de las ratas. Se tomó la decisión de llevar a la isla cuatro parejas de estos animales y de permitir su libre reproducción. Los mungos se adaptaron perfectamente a la nueva patria y pronto poblaron toda la isla. Al cabo de unos diez años, casi todas las ratas habían sido exterminadas. Pero entonces surgió una nueva tragedia: los mungos, al carecer de ratas, comenzaron a alimentarse de cuantos animales hallaban a su alcance, devorando cachorros, cabritillas, cerditos, aves domésticas y sus huevos. Al aumentar en número, empezaron a devastar los huertos, los sembrados y las plantaciones. Lo habitantes iniciaron una campaña de exterminación de sus recientes aliados; sin embargo, consiguieron limitar únicamente en cierto grado los daños ocasionados por los mungos.

61. Una comida gratis

Diez jóvenes decidieron celebrar la terminación de sus estudios de Bachillerato, comiendo en el restaurante. Una vez reunidos, se entabló entre ellos una discusión sobre el orden en que habían de sentarse a la mesa. Unos propusieron que la colocación fuera por orden alfabético; otros, con arreglo a la edad; otros, por los resultados de los exámenes; otros, por la estatura, etc. La discusión se prolongaba, se enfrió la sopa y nadie se sentaba a la mesa. Los reconcilió el hotelero, dirigiéndoles las siguientes palabras:

—Señores, dejen de discutir. Siéntense a la mesa en cualquier orden y escúchenme.

Se sentaron todos sin seguir un orden determinado. El hotelero continuó:

—Que uno cualquiera anote el orden en que están sentados ahora. Mañana vienen a comer y se sientan en otro orden. Pasado mañana vienen de nuevo a comer y se sientan en orden distinto, y así sucesivamente hasta que hayan probado todas las combinaciones posibles. Cuando llegue el día en que tengan ustedes que sentarse de nuevo en la misma forma que ahora, les prometo solemnemente que en lo sucesivo, les convidaré a comer gratis diariamente, sirviéndoles los platos más exquisitos y escogidos.

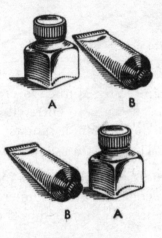

55 Dos objetos pueden colocarse sólo de dos maneras

La proposición agradó a todos y fue aceptada. Acordaron reunirse cada día en aquel restaurante y probar todos los modos distintos posibles de colocación alrededor de la mesa, con objeto de disfrutar cuanto antes de las comidas gratuitas.

Sin embargo, no lograron llegar hasta ese día. Y no porque el hotelero no cumpliera su palabra, sino porque el número total de combinaciones diferentes alrededor de la mesa es extraordinariamente grande. Exactamente 3 628 800. Fácil es calcular que este número de días son casi diez mil años.

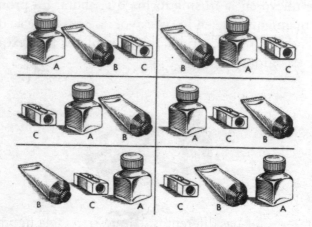

56 Tres objetos pueden disponerse en seis formas diferentes

Posiblemente a ustedes les parecerá increíble que diez personas puedan colocarse en un número tan elevado de posiciones diferentes. Comprobemos el cálculo.

Ante todo, hay que aprender a determinar el número de combinaciones distintas posibles. Para mayor sencillez, empecemos calculando un número pequeño de objetos, por ejemplo, tres. Llamémosles *A, B* y *C*.

Deseamos saber de cuántos modos diferentes pueden disponerse, cambiando mutuamente su posición. Hagamos el siguiente razonamiento. Si se separa de momento el objeto *C*, los dos restantes, *A* y *B,* pueden colocarse solamente en dos formas (fig. 55).

Ahora agreguemos el objeto *C* a cada una de las parejas obtenidas. Podemos realizar esta operación tres veces:

1) colocar C *detrás* de la pareja,

2) - C *delante* de la pareja,

3) – C *entre* los dos objetos de la pareja

Es evidente que no son posibles otras posiciones distintas para el objeto C, a excepción de las tres mencionadas. Como tenemos *dos* parejas, *AB* y *BA,* el número total de formas posibles de colocación de los tres objetos será:

2 x 3 = 6.

Estas seis formas diferentes se muestran en la figura 56.

Sigamos adelante. Hagamos el cálculo para cuatro objetos.

Tomemos cuatro objetos *A, B, C* y *D,* y separemos de momento uno de ellos, por ejemplo, el objeto *D.* Efectuemos con los otros tres todos los cambios posibles de posición. Ya sabemos que para tres, el número de cambios posibles es seis. ¿En cuántas formas diferentes podemos disponer el cuarto objeto en cada una de las seis posiciones que resultan con tres objetos? Evidentemente, serán cuatro. Podemos:

1) colocar *D detrás* del trío,

2) - D delante del trío

3) - D entre el 1° y 2° objetos,

4) - D entre el 2° y 3° objetos.

Obtenemos en total:

6 x 4 = 24 posiciones,

pero teniendo en cuenta que 6 = 2 x 3 y que 2 = 1x 2, podemos calcular el número de cambios posibles de posición haciendo la siguiente multiplicación:

1 x 2 x 3 x 4 = 24.

Razonando de idéntica manera, cuando haya cinco objetos hallaremos que el número de formas distintas de colocación será igual a: .

1 x 2 x 3 x 4 x 5 = 120.

Para seis objetos será:

1 x 2 x 3 x 4 x 5 x 6 = 720,

y así sucesivamente.

Volvamos de nuevo al caso antes citado de los diez comensales. Sabremos el número de posiciones que pueden adoptar las diez personas alrededor de la mesa si nos tomamos el trabajo de calcular el producto siguiente:

1 x 2 x 3 x 4 x 5 x 6 x 7 x 8 x 9 x 10.

Resultará el número indicado anteriormente:

3.628.800.

El cálculo sería más complicado si de los diez comensales, cinco fueran muchachas y desearan sentarse a la mesa alternando con los muchachos. A pesar de que el número posible de combinaciones se reduciría en este caso considerablemente, el cálculo sería más complejo.

Supongamos que se sienta a la mesa, indiferentemente del sitio que elija, uno de los jóvenes. Los otros cuatro pueden sentarse, dejando vacías para las muchachas las sillas intermedias, adoptando 1 x 2 x 3 x 4 = 24 formas diferentes. Como en total hay diez sillas, el primer joven puede ocupar 10 sitios distintos. Esto significa que el número total de combinaciones posibles para los muchachos es 10 x 24 = 240.

¿En cuántas formas diferentes pueden sentarse en las sillas vacías, cinco situadas entre los jóvenes, las cinco muchachas? Evidentemente serán 1 x 2 x 3 x 4 x 5 = 120. Combinando cada una de las 240 posiciones de los muchachos con cada una de las 120 que pueden adoptar las muchachas, obtendremos el número total de combinaciones posibles, o sea,

240 x 120 = 28.800.

Este número, como vemos, es muchas veces inferior al que hemos citado antes y obtenemos un total de 79 años. Los jóvenes clientes del restaurante que vivieran hasta la edad de cien años podrían asistir a una comida gratis servida, si no por el propio hotelero, al menos por uno de sus descendientes.

Sabiendo calcular el número de permutaciones posibles, podemos determinar el número de combinaciones realizables con las cifras del *juego del* 15[10]. En otras palabras, podemos calcular el número total de ejercicios que es posible efectuar con ese juego. Se comprende fácilmente que el cálculo se reduce a hallar el número de combinaciones posibles a base de quince objetos. Sabemos, según hemos visto, que para ello es preciso multiplicar sucesivamente:

$$1 \times 2 \times 3 \times 4 \times \ldots \ldots \times 14 \times 15.$$

Como resultado se obtiene:

1.307.674.365.000,

o sea, más de un billón.

La mitad de ese enorme número de ejercicios son insolubles, o sea, que en este juego más de 600 000 millones de combinaciones no tienen solución. Por ello se comprende en parte la fiebre de apasionamiento por el *juego del 15* que embargó a las gentes, que no sospechaban la existencia de ese inmenso número de casos insolubles.

Si fuera posible colocar cada segundo las cifras en una nueva posición, para realizar todas las combinaciones posibles, habría que trabajar incesantemente día y noche, más de 40.000 años.

Como fin de nuestra charla el número de combinaciones posibles, resolvamos el siguiente problema relacionado con la vida escolar.

---

10 Dejando siempre vacía la casilla situada en el ángulo inferior derecho.

Hay en la clase veinticinco alumnos. ¿En cuántas formas diferentes pueden sentarse en los pupitres?

Para los que han asimilado lo expuesto anteriormente, la solución es muy sencilla: basta multiplicar sucesivamente los números siguientes:

$$1 \times 2 \times 3 \times 4 \times 5 \times 6 \times \ldots \times 23 \times 24 \times 25.$$

En matemáticas existen diversos métodos de simplificación de los cálculos, pero para facilitar operaciones como la que acabamos de mencionar, no los hay. El único procedimiento para efectuar *exactamente* esta operación consiste en multiplicar con paciencia todos esos números. Sólo puede reducirse algo el tiempo requerido para efectuar esa multiplicación, eligiendo una agrupación acertada de los mismos. El resultado que se obtiene es un número enorme compuesto de veintiséis cifras, cuya magnitud es incapaz nuestra imaginación de representársela.

He aquí el número:

15.511.210.043.330.985.984.000.000.

De todos los números que hemos visto hasta ahora, éste es, naturalmente, el más grande, y a él, más que a ningún otro, le corresponde la denominación de número gigante. El número de gotitas diminutas de agua que contienen todos los océanos y mares del globo terrestre es pequeño si se compara con este número enorme.

62. Juego con monedas

En mi infancia, recuerdo que mi hermano mayor me enseñó un juego muy entretenido a base de unos discos de cartón. Colocó tres platos en fila, uno junto al otro; después, puso en uno de los platos extremos una pila de cinco discos: el inferior de diez cm. de diámetro; sobre él, uno de cinco cm, el siguiente de dos cm, luego uno de un cm. y medio y por último, el superior, de un cm[11]. La tarea consistía en trasladar todos los discos al tercer plato, observando las tres reglas siguientes:

1ª) Cada vez debe cambiarse de plato un solo disco.

2ª) No se permite colocar un disco mayor sobre otro menor.

3ª) *Provisionalmente* pueden colocarse discos en el plato intermedio, observando las dos reglas anteriores, pero al final del juego, todos los discos deben encontrarse en el tercer disco en el orden inicial;

—Como ves —me dijo—, la regla no es complicada. Y ahora, manos a la obra.

Comencé a cambiar de plato los discos. Coloqué el de 1 cm. en el tercer plato, el de 1,5 en el intermedio y... me quedé cortado. ¿En dónde colocar el de 2 cm? Este es mayor que el de 1 y 1,5 cm.

—No te apures —dijo mi hermano—. Coloca el de 1

---

11 Para este juego pueden también emplearse monedas, siempre que sean de diferente tamaño.

cm. en el plato del centro, encima del de 1,5 cm. Entonces te queda libre el tercer plato para la de 2 cm.

Y así lo hice. Pero al continuar surgió otra nueva dificultad.

¿En dónde colocar el de 5 cm? Hay que reconocer que caí en seguida en la cuenta: primero pasó el de 1 cm. al primer plato, después, el de 1,5 al tercero, y después, el de 1 también al tercero. Ahora ya se podía colocar el de 5 en el plato central vacío. A continuación, después de probar varias veces, conseguí trasladar el disco de 10 cm. del primer plato al tercero y reunir en este último toda la pila de discos en el orden conveniente.

—¿Cuántos cambios de lugar has hecho? —preguntó mi hermano, aprobando mi trabajo.

— No los he contado.

—Vamos a comprobarlo. Es interesante saber de qué modo es posible alcanzar el fin propuesto efectuando el mínimo de permutaciones. Si la pila constara de dos discos y no de cinco, uno de 1,5 y otro de 10 cm, ¿cuántos cambios hubieras necesitado hacer?

—Tres: la de 1 cm. al plato del centro, la de 1,5 al tercero y después la de 1 al tercero.

—Perfectamente. Ahora aumentemos un disco, de 2 cm, y contemos los cambios que se requieren para trasladar una pila compuesta de este número de discos. Procedamos de la manera siguiente: primero, pasemos sucesivamente los dos discos menores al plato intermedio. Para ello es preciso, como ya sabemos, efectuar tres cambios. Después, pasemos el de 2 cm. al tercer plato vacío; un cambio más. Seguidamente, traslademos los dos discos, que se hallan en el plato intermedio, al tercero, o sea, tres cambios más. En resumen hemos hecho:

$3 + 1 + 3 = 7$ cambios.

—Para el caso de cuatro discos, permíteme a mí calcular el número de cambios que se requieren. Primero paso los tres discos menores al plato intermedio, lo que supone siete cambios; después la de 5 cm. la coloco en el tercero —un cambio más— y seguidamente traslado los tres discos menores al tercer plato; o sea, siete cambios más. En total:

$7 + 1 + 7 = 15$.

—Magnífico. ¿Y para 5 discos?

Dije en el acto: $15 + 1 + 15 = 31$.

—Exactamente, veo que has comprendido perfectamente el método de cálculo. Sin embargo, te vaya mostrar un método todavía más sencillo. Fíjate en que los números obtenidos 3, 7, 15 y 31 son todos múltiplos de dos a los que se ha restado una unidad. Mira.

Y mi hermana escribió la siguiente tabla:

$3 = 2 \times 2 - 1$

$7 = 2 \times 2 \times 2 - 1$

$$15 = 2 \times 2 \times 2 \times 2 - 1$$

$$31 = 2 \times 2 \times 2 \times 2 \times 2 - 1$$

—Comprendido: hay que tomar la cifra 2 como factor tantas veces como discos se deben cambiar y después restar una unidad. Ahora, yo mismo puedo calcular el número de cambios necesarios para una pila de cualquier cantidad de discos. Por ejemplo, para siete:

$$2 \times 2 \times 2 \times 2 \times 2 \times 2 \times 2 - 1 = 128 - 1 = 127.$$

—Veo que has comprendido este antiguo juego. Sólo necesitas conocer una regla práctica más: si la pila tiene un número impar de discos, el primero hay que trasladarlo al tercer plato; si es par, entonces hay que pasarlo primero al plato intermedio.

—Acabas de decir que es un juego antiguo. ¿Acaso no lo has inventado tú?

—No; yo solamente lo he aplicado. Este juego es antiquísimo y dicen que procede de la India. Existe una interesante leyenda acerca del mismo. En la ciudad de Benarés hay un templo, en el cual, según cuenta la leyenda, el dios hindú Brahma, al crear el mundo, puso verticalmente tres palitos de diamantes, colocando en uno de ellos 64 anillos de oro: el más grande, en la parte inferior, y los demás por orden de tamaño uno encima del otro. Los sacerdotes del templo debían, trabajando noche y día sin descanso, trasladar todos los anillos de un palito a otro, utilizando el tercero como auxiliar, y observando las reglas de nuestro juego, o sea, cambiar cada vez sólo un anillo y no colocar un anillo de mayor diámetro sobre otro de menor. La leyenda dice que cuando los 64 anillos estuvieran trasladados llegaría el final del mundo.

—¡Oh!, esto significa, si diéramos crédito a esa leyenda, que el mundo hace ya tiempo que no existiría.

—¡Tú crees, al parecer, que el traslado de los 64 anillos no exige mucho tiempo!

—Naturalmente. Realizando un cambio cada segundo, en una hora pueden hacerse 3600 traslados.

—¿Bueno y qué?

—Pues que en un día se harían cerca de cien mil. En diez días, un millón. Pienso que un millón de cambios es suficiente para cambiar incluso mil anillos.

—Te equivocas. Para trasladar los 64 anillos se necesitan 500.000 millones de años, en números redondos.

—¿Pero, por qué? El motivo de cambios es igual a la multiplicación sucesiva de 64 doses menos una unidad, y esto supone... Espera, ahora lo calculo.

—Perfectamente. Mientras tú verificas el cálculo, tengo tiempo de ir a resolver mis asuntos.

Se marchó mi hermano dejándome sumido en mis cálculos. Primero hice el producto de 16 doses, el resultado —65 536— lo multipliqué por sí mismo, y el número así obtenido lo volví a multiplicar por sí mismo. Por fin, no me olvidé de restar una unidad.

Obtuve el número siguiente:

18.446.744.073.709.551.615[12].

Evidentemente, mi hermano tenía razón.

Seguramente interesará a ustedes saber cuáles son los números que expresan realmente la edad del mundo. Los sabios disponen sobre ello de ciertos datos, como es natural, aproximados:

El Sol existe desde hace 10.000.000.000.000 de años

El globo terrestre desde hace . 2.000.000.000 de años

La vida en la Tierra desde hace . 300.000.000 de años

El hombre desde hace...................... 300.000 de años

63. La apuesta

En el comedor de una pensión, se inició durante la comida una conversación sobre el modo de calcular la *probabilidad* de los *hechos*. Un joven matemáticos, que se hallaba entre los presentes, sacó una moneda y dijo:

—Si arrojo la moneda obre la mesa, ¿qué probabilidades existen de que caiga con el escudo hacia arriba?

—Ante todo, haga el favor de explicar lo que quiere usted decir con eso de las *probabilidades* —dijo una voz—. No está claro para todos.

---

12 El lector ya conoce este número: constituye la recompensa exigida por el inventor del ajedrez.

—¡Muy sencillo! La moneda puede caer sobre la mesa de dos maneras, o bien con el escudo hacia arriba o hacia abajo. El número de casos posibles es igual a dos, de los cuales, para el hecho que nos interesa, es favorable sólo uno de ellos. De lo dicho se deduce la siguiente relación:

$$\frac{\text{El número de casos favorables}}{\text{El número de casos posibles}} = \frac{1}{2}$$

La fracción 1/2 expresa la probabilidad de que la moneda caiga con el escudo hacia arriba.

—Con la moneda es muy sencillo —añadió uno—. Veamos un caso más complicado, por ejemplo, con los dados.

57 El dado

—Bueno, vamos a examinarlo —aceptó el matemático—. Tenemos un dado, o sea, un cubo con distintas cifras en las caras (figura 57). ¿Que probabilidades hay de que al echar el dado sobre la mesa, quede con una cifra determinada hacia arriba, por ejemplo, el seis. ¿Cuántos son aquí los casos posibles? El dado puede quedar acostado sobre una cualquiera de las seis caras, lo que significa que son posibles seis casos diferentes. De ellos solamente uno es favorable para nuestro propósito, o sea, cuando queda arriba el seis. Por consiguiente, la probabilidad se obtiene dividiendo uno por seis, es decir, se expresa con la fracción 1/6.

—¿Será posible que puedan determinarse las probabilidades en todos los casos? —preguntó una de las personas presentes—. Tomemos el siguiente ejemplo. Yo digo que el primer transeúnte que va a pasar por delante del balcón del comedor, será un hombre. ¿Qué probabilidad hay de que acierte?

—Evidentemente, la probabilidad es igual a 1/2, si convenimos en que en el mundo hay tantos hombres como mujeres y si todos los niños de más de un año los consideramos mayores.

—¿Qué probabilidades existen de que los *dos* primeros transeúntes sean ambos hombres? —preguntó otro de los contertulios.

—Este cálculo es algo más complicado. Enumeremos los casos que pueden presentarse. Primero: es posible que los dos transeúntes sean hombres. Segundo: que primero aparezca un hombre y después una mujer. Tercero: que primero aparezca una mujer y después un hombre. Y finalmente, el cuarto caso: que ambos transeúntes sean mujeres. Por consiguiente, el número de casos posibles es igual a 4; de ellos sólo uno, el primero, nos es favorable. La probabilidad vendrá expresada por la fracción 1/4. He aquí resuelto su problema.

—Comprendido. Pero puede hacerse también la pregunta respecto de *tres* hombres. ¿Cuáles serán las probabilidades de que los *tres* primeros transeúntes sean todos hombres?

—Bien, calculemos también este caso. Comencemos por hallar los casos posibles. Para dos transeúntes, el número de casos posibles, como ya sabemos, es igual a cuatro. Al aumentar un tercer transeúnte, el número de casos posibles se duplica, puesto que a cada grupo de los 4 enumerados, compuesto de dos transeúntes, puede añadirse, bien un hombre, bien una mujer. En total, el número de casos posibles será 4 x 2 = 8. Evidentemente la probabilidad será igual a l/a, porque tenemos sólo un caso favorable. De lo dicho se deduce la regla para efectuar el cálculo: en el caso de dos transeúntes, la probabilidad será 1/2 x 1/2 = 1/4; cuando se trata de tres 1/2 x 1/2 x 1/2 = 1/8; en el caso de cuatro, las probabilidades se obtendrán multiplicando cuatro veces consecutivas 1/2 y así sucesivamente. Como vemos, la magnitud de la probabilidad va disminuyendo.

—¿Cuál será su valor, por ejemplo, para diez transeúntes?

—Seguramente, se refiere usted al caso de que los diez primeros transeúntes sean todos hombres. Tomando 1/2 como factor diez veces, obtenemos 1/ 1,024 , o sea, menos de una milésima. Esto significa que si apuesta usted conmigo un duro a que eso ocurrirá, yo puedo jugar mil euros a que no sucederá así.

—¡Qué apuesta más ventajosa! —dijo uno—. De buen grado pondría yo un duro para tener la posibilidad de ganar mil.

—Pero tenga en cuenta que son mil probabilidades contra una.

—¡Y qué! Arriesgaría con gusto un duro contra mil, incluso en el caso de que se exigiera que los cien primeros transeúntes fueran todos hombres.

—¿Pero se da usted cuenta de qué probabilidad tan ínfima existe de que suceda así? —preguntó el matemático.

—Seguramente una millonésima o algo así por el estilo.

—¡Muchísimo menos! Una millonésima resulta ya cuando se trata de veinte transeúntes. Para cien será... Permítame que lo calcule aproximadamente. Una billonésima, trillonésima, cuatrillonésima... Oh! Un uno con treinta ceros.

—¿Nada más?

—¿Le parecen a usted pocos ceros? Las gotas de agua que contiene el océano no llegan ni a la milésima parte de dicho número.

—¡Qué cifra tan imponente! En ese caso, ¿cuánto apostaría usted contra mi duro?

—¡Ja, ja...! ¡Todo! Todo lo que tengo.

—Eso es demasiado. Juéguese su moto. Estoy seguro de que no la apuesta.

—¿Por qué no? ¡Con mucho gusto! Venga, la moto si usted quiere. No arriesgo nada en la apuesta.

—Yo sí que no expongo nada; al fin y al cabo, un duro no es una gran suma, y sin embargo, tengo la posibilidad de ganar una moto, mientras que u*sted* casi no puede ganar nada.

—Pero comprenda usted que es completamente seguro que va a perder. La bicicleta no será nunca suya, mientras que el duro, puede decirse que ya lo tiene en el bolsillo.

—¿Qué hace usted? —dijo al matemático uno de sus amigos, tratando de contenerle—. Por un duro arriesga usted su moto. ¡Está usted loco!

— Al contrario –contestó el joven matemático—, la locura es apostar aunque sea un solo duro, en semejantes condiciones. Es seguro que gano. Es lo mismo que tirar el duro.

—De todos modos existe una probabilidad.

—¡Una gota de agua en el océano, mejor dicho, en diez océano! Esa es la probabilidad: diez océanos de mi parte contra una gota. Que gano la apuesta es tan seguro como dos y dos son cuatro.

—No se entusiasme usted tanto, querido joven —sonó la voz tranquila de un anciano, que durante todo el tiempo había escuchado en silencio la disputa—. No se entusiasme.

—¿Cómo, profesor, también usted razona así…?

—¿Ha pensado usted que en este asunto no todos los casos tienen las mismas probabilidades? El cálculo de probabilidades se cumple concretamente sólo en los casos de idéntica posibilidad ¿no es verdad? En el ejemplo que examinamos..., sin ir más lejos —dijo el anciano prestando oído—, la propia realidad me parece que viene ahora mismo a demostrar su equivocación. ¿No oyen ustedes? Parece que suena una marcha militar, ¿verdad?

—¿Que tiene que ver esa música?... —comenzó a decir el joven matemático, quedándose cortado de pronto. Su rostro se contrajo de susto. Saltó del asiento, corrió hacia la ventana y asomó la cabeza.

—¡Así es! —exclamó con desaliento—. He perdido la apuesta. ¡Adiós mi moto!

Al cabo de un minuto quedó todo claro. Efectivamente, frente a la ventana pasó desfilando un batallón de soldados.

64. Números gigantes que nos rodean y que existen en nuestro organismo

No es preciso buscar casos excepcionales para tropezarse con números gigantes. Se encuentran en todas partes, en torno de nosotros, e incluso en el interior de nosotros mismos; únicamente hay que saberlos descubrir.

El cielo que se extiende sobre nuestras cabezas, la arena, bajo nuestros pies, el aire circulante, la sangre de nuestro cuerpo; todo encierra invisibles gigantes del mundo de los números.

Los números gigantes que aparecen cuando se habla de los espacios estelares no sorprenden a la mayoría de la gente. Es sabido que cuando surge la conversación sobre el número de estrellas del universo sobre las distancias que las separan de nosotros y que existen entre ellas, sobre sus dimensiones, peso y edad, siempre hallamos números que superan, por su enormidad, los límites de nuestra imaginación. No en vano, la expresión *número astronómico* se ha hecho proverbial. Muchos, sin embargo, no saben que incluso los cuerpos celestes, con frecuencia llamados *pequeños* por los astrónomos, son verdaderos gigantes, si utilizamos para medirlos las unidades corrientes empleadas en Física. Existen en nuestro sistema solar planetas a los que debido a sus dimensiones insignificantes, los astrónomos han dado la denominación de *pequeños*. Incluyen entre ellos los que tienen un diámetro de varios kilómetros. Para el astrónomo, acostumbrado a utilizar escalas gigantescas, estos planetas son tan pequeños, que cuando se refieren a ellos los llama despectivamente *minúsculos*. Pero sólo son cuerpos minúsculos al compararlos con otros astros mucho más grandes. Para las unidades métricas empleadas de ordinario por el hombre, claro que no pueden ser considerados diminutos. Tomemos, por ejemplo, un planeta *minúsculo* de tres Km. de diámetro; un planeta así se ha descubierto recientemente. Aplicando las reglas geométricas, se calcula con facilidad que su superficie es de

28 Km^2, o sea, 28.000.000 m^2. En un metro cuadrado caben siete personas colocadas de pie. Por tanto, en los 28 millones de metros cuadrados pueden colocarse 196 millones de personas.

La arena que pisamos nos conduce también al mundo de los gigantes numéricos. No en balde existe desde tiempo inmemorial la expresión *incontables como las arenas del mar.* Sin embargo, en la antigüedad, los hombres subestimaban el enorme número de granos de arena existentes, pues lo comparaban con el numero de estrellas que veían en el cielo. En aquellos tiempos, no existían telescopios, y el número de estrellas que se ven a simple vista en el cielo, es aproximadamente de 3500 (en un hemisferio). En la arena de las orillas del mar hay millones de veces más granos que estrellas visibles a simple vista.

Un número gigante se oculta asimismo en el aire que respiramos. Cada centímetro cúbico, cada dedal de aire, contiene 27 trillones (o sea, el número 27 seguido de 18 ceros) de moléculas.

Es casi imposible representarse la inmensidad de esta cifra. Si existiera en el mundo tal número de personas, no habría sitio suficiente para todas ellas en nuestro planeta. En efecto, la superficie del globo terrestre, contando la tierra firme y los océanos, es igual a 500 millones de Km. cuadrados, que expresados en metros suponen:

500.000.000.000.000 m^2.

Dividiendo los 27 trillones por ese número, obtenemos 54.000, lo que significa que a cada metro cuadrado de superficie terrestre corresponderían más de 50 mil personas.

Anteriormente dijimos que los números gigantes se ocultan también en el interior del cuerpo humano. Vamos a demostrarlo tomando como ejemplo la sangre. Si observamos al microscopio una gota de sangre, veremos que en ella nada una multitud enorme de corpúsculos pequeñísimos de color rojo, que son los que dan ese color a la sangre. Esos corpúsculos sanguíneos, llamados *glóbulos rojos,* son de forma circular discoidea, o sea, oval aplanada, hundida en toda su parte central. En todas las personas, los glóbulos rojos son de dimensiones aproximadamente iguales, de 0,007 milímetros de diámetro y de 0,002 mm de grueso. Pero su número es fantástico. Una gotita pequeñísima de sangre, de 1 mm cúbico, contiene 5 millones de estos corpúsculos. ¿Cuál es su número total en nuestro cuerpo? Por término medio, hay en el cuerpo humano un número de litros de sangre 14 veces menor que el número de kilogramos que pesa la persona. Si pesa usted 40 Kg., su cuerpo contiene aproximadamente 3 litros de sangre, o lo que es lo mismo, 3 000 000 de mm cúbicos. Dado que en cada milímetro cúbico hay 5 millones de glóbulos rojos, el número total de los mismos en su sangre será:

$$5.000.000 \times 3.000.000 = 15.000.000.000.000$$

¡Quince billones de glóbulos rojos! ¿Qué longitud se obtendría si este ejército de circuitos se dispusiera en línea recta, uno junto al otro? No es difícil calcular que la longitud de semejante fila alcanzaría 105000 Km. El hilo de glóbulos rojos, formado con los contenidos en su sangre, se extendería más de 100000 Km. Con él podría rodearse el globo terrestre por el Ecuador:

$$100.000 : 40.000 = 2,5 \text{ veces,}$$

y el hilo de glóbulos rojos de una persona *adulta* lo envolvería tres veces.

Expliquemos la importancia que tiene para nuestro organismo la existencia de dichos glóbulos rojos tan extremadamente divididos. Están destinados a transportar el oxígeno por todo el cuerpo. Toman el oxígeno al pasar la sangre por los pulmones, y lo ceden cuando el torrente sanguíneo los lleva a los tejidos de nuestro cuerpo, a los rincones más distantes de los pulmones. El grado enorme de desmenuzamiento que representan estos glóbulos los capacita para cumplir su misión, puesto que cuanto menor sea su tamaño, siendo grandísimo su número, tanto mayor será su superficie, que es lo que interesa, ya que los glóbulos rojos pueden absorber y desprender oxígeno únicamente a través de su superficie. El cálculo demuestra que su superficie total es muchísimo mayor que la del cuerpo humano e igual a 1200 metros cuadrados. Esto viene a ser el área de un huerto grande de 40 m de largo y 30 de ancho. Ahora comprenderán la importancia que tiene para la vida del organismo el que estos glóbulos estén tan desmenuzados y sean tan numerosos, pues en esta forma, pueden absorber y desprender el oxígeno en una superficie mil veces mayor que la superficie de nuestro cuerpo.

Con justicia puede llamarse gigante al número enorme obtenido al calcular la cantidad de productos de diverso género con los que se alimenta una persona, tomando 70 años como término medio de duración de la vida. Se necesitaría un tren entero para poder transportar las toneladas de agua, pan, carne, aves, pescado, patatas y otras legumbres, miles de huevos, miles de litros de leche, etcétera, con que el hombre se nutre en toda su vida. A primera vista, parece imposible que pueda ser la persona semejante titán, que literalmente engulle, claro que no de una vez, la carga de un tren de mercancías entero.

Mediciones sin el empleo de instrumentos

65. Medición de distancias con pasos

No siempre se dispone de regla para medir o de cinta métrica, por lo tanto, es muy útil saber cómo, sin necesidad de ellas, pueden efectuarse mediciones aproximadas.

Por ejemplo, durante una excursión, puede medirse fácilmente con pasos una distancia más o menos larga. Para ello es preciso conocer le longitud de un paso, así como saber contar los pasos con exactitud. Naturalmente, no todos los pasos son siempre iguales: podemos andar a paso corto, y también caminar a paso largo. Sin embargo, cuando se efectúa una marcha ordinaria, los pasos son aproximadamente de la misma longitud. Conocida la longitud media de cada paso, puede, sin gran error, medirse la distancia recorrida.

Para determinar la longitud media del paso propio, es necesario medir la longitud total de muchos pasos y calcular la magnitud de uno. Para hacer esta operación, hace falta utilizar una cinta métrica o un cordón.

Extienda la cinta en un terreno llano y mida la distancia correspondiente a 20 metros. Marque esa línea en el suelo y retire la cinta. Ande con paso ordinario, siguiendo la línea, y cuente el número de pasos que ha dado. Es posible que no resulte un número exacto de pasos en la distancia que se mida. Entonces, si el resto es menor que la mitad de un paso, puede simplemente despreciarse; si es mayor que medio paso, puede contarse ese resto como un paso entero. Dividiendo la distancia total de 20 metros por el número de pasos, obtendremos la longitud media de uno. Este número no hay que olvidarlo, para, en caso necesario, hacer uso de él cuando se realicen mediciones.

A fin de no equivocarse al contar los pasos, especialmente cuando se trate de grandes distancias, se aconseja hacerlo en la forma siguiente: se cuentan de diez en diez y cada vez que se alcanza este número se dobla uno de los dedos de la mano izquierda. Cuando se hayan doblado todos los dedos de la mano izquierda, lo que supone 50 pasos, se dobla un dedo de la mano derecha. De este modo pueden contarse hasta 250 pasos, después de lo cual se comienza de nuevo. No debe olvidarse el número de veces que se hayan doblado los dedos de la mano derecha. Por ejemplo, si después de recorrer cierta distancia, se han doblado dos veces todos los dedos de la mano derecha y al terminar de andar están doblados tres dedos de la mano derecha y cuatro de la izquierda, se habrán dado los pasos siguientes:

$$2 \times 250 + 3 \times 50 + 4 \times 10 = 690$$

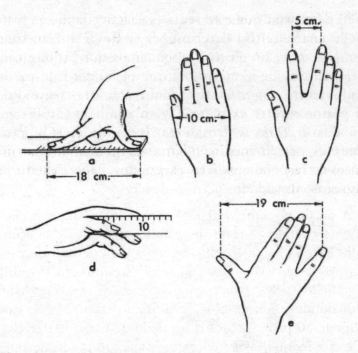

58 Las distancias que deben conocerse con la mano para poder efectuar mediciones sin necesidad de cinta métrica.

A este número hay que añadir los pasos dados después de doblar por última vez un dedo de la mano izquierda (en nuestro ejemplo, el cuarto).

Al mismo tiempo recordemos esta antigua regla: la longitud del paso de una persona adulta es igual a la mitad de la distancia de los ojos a la planta del pie.

Otra antigua regla práctica que se refiere a la *velocidad* de marcha, dice: una persona recorre en una hora tantos kilómetros como pasos da en tres segundos. Es fácil demostrar que esta regla es exacta cuando el paso tiene una longitud determinada, y desde luego, bastante grande. En efecto, supongamos que la longitud del paso sea de x metros, y que el número de pasos dados en tres segundos sea igual a n. En tres segundos, el peatón recorre nx metros, y en una hora (3 600 segundos) $1.200nx$ metros, o sea, $1,2nx$ kilómetros. Para que el recorrido, medio en Km., sea igual al número de pasos correspondiente a tres segundos, deberá existir la siguiente igualdad:

$$1,2nx = n,$$

o sea,

$$1,2x = 1,$$

de donde

$$x = 0,83 \text{ metros.}$$

La primera regla, que expresa la dependencia mutua entre la longitud del paso y la estatura de la persona es siempre exacta, mientras que la segunda regla, que acabamos de examinar, es cierta sólo para las personas de estatura media; de unos 175 cm.

66. Escala animada

Para medir objetos de magnitud media, cuando no se dispone de regla o cinta métrica, puede hacerse lo siguiente. Se extiende una cuerda o un palo desde el extremo de una mano, estando el brazo extendido lateralmente, hasta el hombro del lado contrario. Esta magnitud es, en un adulto, alrededor de 1 metro. Otro procedimiento para obtener con aproximación la longitud del metro consiste en colocar en línea recta 6 *cuartas,* o sea 6 veces la distancia comprendida entre los extremos de los dedos pulgar e índice, estando la mano extendida lo más posible (fig. 58a).

Esta última indicación nos enseña a medir sin necesidad de aparatos; para ello es preciso medir previamente ciertas longitudes en la mano y mantener en la memoria los resultados de la medición.

¿Qué distancias son las que deben medirse en la mano? Primero, la anchura de la palma de la mano, tal como se indica en la figura 58 *b.* En una persona adulta, esta distancia es aproximadamente de 10 cm; es posible que en su mano, dicha distancia sea algo menor; entonces deberá usted saber exactamente en cuánto es menor. Ha de medirse, también la distancia entre los extremos de los dedos corazón e índice, separándolos lo más posible (figura 58c). Además, es conveniente conocer la longitud de su dedo índice, medida a partir de la base del dedo pulgar, en la forma que muestra la figura 58d. Y por último, mida la distancia entre los extremos de los dedos pulgar y meñique, cuando ambos están totalmente extendidos (fig. 58 e).

Utilizando esta *escala animada,* puede efectuarse la medición aproximada de objetos pequeños.

Para resolver los rompecabezas incluidos en este capítulo no se requiere haber estudiado un curso completo de geometría; basta sencillamente conocer las nociones más elementales de esta rama de la ciencia. Las dos docenas de problemas descritos en este capítulo ayudarán al lector a darse cuenta de en qué grado domina los conocimientos de geometría que consideraba asimilados. Conocer bien la geometría quiere decir no sólo saber enumerar las propiedades de las figuras, sino también poder utilizar hábilmente estas propiedades en la vida para resolver problemas reales. ¿Para qué sirve el fusil a una persona que no sepa tirar?

67. La carreta

¿Por qué el eje delantero de una carreta se desgasta más y se calienta con mayor frecuencia que el trasero? *(Solución p. 215)*

68. La lente biconvexa

Con una lupa, que aumenta cuatro veces, se observa un ángulo de grado y medio. ¿Con qué magnitud se ve el ángulo?: *(Solución p. 216)*

69. El nivel de la burbuja

Conocen ustedes, naturalmente, este tipo de nivel, con su burbuja de aire indicadora que se desplaza a la izquierda o a la derecha de la marca índice cuando se inclina la base del nivel respecto del horizonte. Cuanto mayor sea la inclinación, tanto más se alejará la burbuja de la marca central. La burbuja se mueve porque es más ligera que el líquido que la contiene, y por ello asciende, tratando de ocupar el punto más elevado. Pero si el tubo fuera recto, la burbuja, al sufrir el nivel la menor inclinación, se desplazaría a la parte extrema del tubo, o sea, a la parte más alta. Es fácil comprender que un nivel de este tipo sería incomodísimo para trabajar. Por tanto, el tubo del nivel se hace en forma curva. Cuando la base del nivel está horizontal, la burbuja, al ocupar el punto más alto del tubo, se encuentran en su parte central. Si el nivel está inclinado, el punto más elevado no coincidirá con la parte central del tubo, sino que se hallará en otro punto próximo a la marca, y la burbuja se desplazará respecto de la marca índice, situándose en otro lugar del tubo[13]. Se trata de determinar cuántos milímetros se separa la burbuja de la marca si el nivel tiene una inclinación de medio grado y el radio de curvatura del tubo es de 1 m. *(Solución p. 216)*

70. Número de caras

He aquí una pregunta que sin duda alguna, parecerá muy cándida, o por el contrario, demasiado sutil. ¿Cuántas caras tiene un lápiz de seis aristas? Antes de mirar la respuesta, reflexione atentamente sobre el problema. *(Solución p. 217)*

---

13 Más exacto sería decir que "la marca se desplaza respecto de la burbuja", puesto que ésta no se mueve, sino que son el tubo y la marca los que cambian de posición.

71. El cuarto creciente de la Luna

Se trata de dividir la figura de un cuarto creciente de la luna (fig. 59) en seis partes, trazando solamente dos líneas rectas.

59 Cuarto creciente de la luna

¿Cómo hacerlo? *(Solución p. 218)*

72. Con 12 cerillas

Con doce cerillas puede construirse la figura de una cruz (figura 60), cuya área equivalga a la suma de las superficies de cinco cuadrados hechos también de cerillas. Cambie usted la disposición de las cerillas de tal modo que el contorno de la figura obtenida abarque sólo una superficie equivalente a cuatro de esos cuadrados. *(Solución p. 218)*

59 Cuarto creciente de la luna 60 Cruz construida con 12 cerillas

73. Con ocho cerillas

Con ocho cerillas pueden construirse numerosas figuras de contorno cerrado. Algunas pueden verse en la figura 61; su superficie es, naturalmente, distinta. Se plantea cómo construir con 8 cerillas la figura se superficie máxima. *(Solución p. 219)*

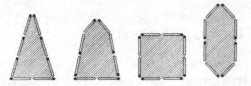

61 ¿Cómo construir con ocho cerillas la figura de superficie máxima?

74. ¿Qué camino debe seguir la mosca?

En la pared interior de un vaso cilíndrico de cristal hay una gota de miel situada a tres centímetros del borde superior del recipiente. En la pared exterior, en el punto diametralmente opuesto, se ha parado una mosca (fig. 62). *(Solución p. 220)*

62 Indíquese cuál es el camino más corto que puede seguir la mosca para llegar hasta la gota de miel.

La altura del vaso es de 20 cm y el diámetro de 10 cm.

No piensen ustedes que la mosca va a encontrar ella misma el camino más corto y facilitar .así la solución del problema; para ello es necesario poseer ciertos conocimientos de geometría, demasiado vastos para el cerebro de una mosca.

75. Hallar el tapón universal

He aquí una tabla (fig. 63) con tres orificios diferentes: cuadrangular, triangular y redondo. ¿Puede existir un tapón que por su forma obture indistintamente todos los orificios? *(Solución p. 222)*

61 ¿Cómo construir con ocho cerillas la figura de superficie máxima?

76. Otro tapón obturador ·

Si han resuelto el problema anterior, es posible que consigan encontrar un tapón capaz de cerrar los orificios que se indican en la figura 64. *(Solución p. 222)*

61 ¿Cómo construir con ocho cerillas la figura de superficie máxima?

77. Un tercer tapón

Y el último problema del mismo género: ¿Existe un tapón común para los tres orificios de la figura 65? *(Solución p. 223)*

61 ¿Cómo construir con ocho cerillas la figura de superficie máxima?

78. Hacer pasar una moneda de cinco pesetas

Tomen dos monedas: una de cinco pesetas y otra de diez cénlimos. Dibujen en una hoja de papel un círculo exactamente igual , la circunferencia de la moneda de diez céntimos y recórtenlo cuidadosamente.

¿Podrá pasar la moneda de cinco pesetas por ese orificio? No se trata de un truco, es un verdadero problema geométrico. *(Solución p. 223)*

79. Hallar la altura de una torre

En la ciudad donde usted vive hay, sin duda, algunos monumentos notables, y entre ellos una torre cuya altura seguramente desconoce. Dispone usted de una postal con la fotografía de la torre. ¿En qué forma puede esta foto ayudarle a averiguar la altura de la torre? *(Solución p. 224)*

80. Las figuras semejantes

Este problema va destinado a los que sepan en qué consiste la semejanza geométrica. Se trata de responder a las dos preguntas siguientes:

1) En un cartabón de dibujo (fig. 66), ¿son semejantes los triángulos exterior e interior?

2) En un marco ¿son semejantes los rectángulos exterior e interior? *(Solución p. 225)*

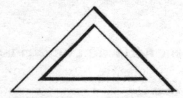

66 ¿Son semejantes los triángulos exterior e interior?

81. La sombra del cable

¿A qué distancia se extiende en el espacio, en un día de sol, la sombra total producida por un cable telegráfico de 4 mm de diámetro? *(Solución p. 226)*

82. El ladrillito

Un ladrillito, de los usados en la construcción, pesa unos cuatro kilogramos. ¿Cuanto pesará un ladrillito de juguete hecho del mismo material y cuyas dimensiones sean todas cuatro veces menores? *(Solución p. 227)*

83. El gigante y el enano

¿Cuántas veces es más pesado un gigante de 2 m de altura que un enano de 1 m? *(Solución p. 227)*

84. Dos sandías

Hay a la venta dos sandías de tamaño diferente. Una de ellas es la cuarta parte más ancha que la otra y cuesta vez y media más cara. ¿Cuál de las dos es más ventajoso comprar? *(Solución p. 228)*

85. Dos melones

Están a la venta dos melones de la misma calidad. Uno tiene 60 centímetros de perímetro, el otro 50 cm. El primero cuesta vez y media más caro que el segundo; ¿qué melón es más ventajoso comprar? *(Solución p. 229)*

86. La cereza

La parte carnosa y el hueso de una cereza son de la misma anchura. Supongamos que la cereza y el hueso tengan forma esférica. ¿Puede usted calcular mentalmente cuántas veces es mayor el volumen de la parte jugosa que el del hueso? *(Solución p. 229)*

87. El modelo de la torre Eiffel

La torre Eiffel de París tiene 300 m de altura y está construida enteramente de hierro; su peso total es de 8.000.000 de Kg. Deseo encargar un modelo exacto de dicha torre, también de hierro, y que pese sólo 1 Kg. ¿Qué altura tendrá? ¿Será mayor o menor que la de un vaso? *(Solución p. 230)*

88. Dos cacerolas

Tenemos dos cacerolas de cobre de igual forma con las paredes de idéntico espesor. La capacidad de la primera es 8 veces mayor que la segunda. ¿Cuántas veces es más pesada la primera? *(Solución p. 230)*

89. ¿Quién tiene más frío?

Un día de frío, una persona mayor y un niño están al aire libre. Ambos van igualmente vestidos.

¿Cuál de los dos tiene más frío? *(Solución p. 231)*

90. El azúcar

¿Qué pesa más, un vaso lleno de azúcar en polvo o de azúcar en terrones? *(Solución p. 233)*

La geometría de la lluvia y la nieve

91. El pluviómetro

Existen ciudades que tienen la reputación de ser muy lluviosas. Sin embargo, los hombres de ciencia dicen muchas veces que la cantidad anual de agua procedente de lluvia es mucho mayor en otras ciudades que no tienen dicha reputación. ¿De dónde sacan esto? ¿Puede acaso medirse la cantidad de agua aportada por la lluvia?

El cálculo parece una tarea difícil; no obstante, ustedes mismos pueden aprender a hacerlo y a determinar la cantidad de agua de lluvia. No piensen que para ello hace falta recoger toda el agua de lluvia que cae sobre la tierra. Basta simplemente, con medir el *espesor* de la capa de agua formada sobre el suelo, siempre que el agua caída no se pierda y no sea absorbida por el terreno. Esto es bien fácil de hacer. Cuando llueve, el agua cae sobre el terreno de manera uniforme; no se da el caso de que en un bancal caiga más agua que en el vecino. Basta medir el espesor de la capa de agua de lluvia en un sitio cualquiera y esto nos indicará el espesor en toda la superficie del terreno regado por la lluvia.

Seguramente adivinan ustedes qué es lo, que hay que hacer para medir el espesor de la capa de agua caída en forma de lluvia. Es necesario construir una superficie donde el agua no se escurra ni pueda ser absorbida por la tierra. Para este fin sirve cualquier vasija abierta; por ejemplo, un balde. Si disponen de un balde de paredes verticales (para que sea igual su anchura en la base y en la parte alta), colóquenlo bajo la lluvia en un lugar despejado[14].Cuando cese la lluvia, midan la altura del agua recogida en el balde y tendrán ustedes todo lo necesario para efectuar los cálculos.

Ocupémonos detalladamente de nuestro *pluviómetro* de fabricación casera. ¿Cómo se mide la altura del nivel de agua en el balde? ¿Podrán hacerlo introduciendo una regla de medir? Esto será posible cuando en el balde se haya acumulado bastante cantidad de agua. Si la capa de agua es, como ocurre por lo general, de espesor no superior a 2 ó 3 cm. e incluso de milímetros, se comprende la imposibilidad de medir con precisión la capa de agua empleando este procedimiento. Para nosotros, tiene importancia cada milímetro, incluso cada décima de milímetro. ¿Cómo hacerlo?

Lo mejor de todo es trasvasar el agua a un recipiente de cristal más estrecho. En este recipiente, el agua tendrá un nivel más alto, y al mismo tiempo, permitirá observar fácilmente la altura del mismo a través del cristal. Comprenderán ustedes que la altura medida en el recipiente

---

14 Debe colocarse a cierta altura, con objeto de que no caigan al interior del balde las salpicaduras de agua que saltan al chocar la lluvia contra el suelo.

estrecho no corresponde al espesor de la capa de agua de lluvia que se desea medir. Sin embargo, es fácil pasar de una medida a la otra. Supongamos que el diámetro del fondo del recipiente estrecho sea exactamente la décima parte del diámetro del fondo del balde - pluviómetro utilizado. La superficie del fondo del recipiente estrecho será 10 x 10 = 100 veces menor que la del fondo del balde. Está claro que el nivel del agua vertida del balde se hallará cien veces más alta en el recipiente de cristal. Esto quiere decir que si en el balde el espesor de la capa de agua de lluvia es de 2 mm, en el recipiente de vidrio esta misma cantidad de agua alcanzará un nivel de 200 mm, o sea, 20 cm.

De este cálculo se deduce que la vasija de vidrio, en comparación con el ·balde - pluviómetro, no deberá ser muy estrecha, pues entonces tendría que ser excesivamente alta.

Es suficiente que la vasija de vidrio sea cinco veces más estrecha que el balde, pues en esta forma, la superficie de su fondo será veinticinco veces menor que la del balde, y el nivel del agua vertida se elevará en esta misma proporción. A cada milímetro de espesor en el balde corresponderán 25 mm de altura de agua en el recipiente de vidrio. Para facilitar esta operación, es conveniente pegar en la pared exterior de la vasija de vidrio una cinta de papel, dispuesta verticalmente, y marcarla cada 25 mm, designando sucesivamente las divisiones con las cifras 1, 2, 3, etc. En esta forma, bastará con mirar el nivel del agua en la vasija estrecha, y sin necesidad de cálculos complementarios, sabremos inmediatamente el espesor de la capa de agua en el balde - pluviómetro. Si el diámetro de la vasija estrecha no fuera 5, sino 4 veces menor, entonces habría que graduar en la pared de vidrio cada 16 mm, y así sucesivamente.

Es muy incómodo echar el agua del balde a la vasija medidora de vidrio derramándola por el borde. Lo mejor es hacer un pequeño orificio circular en la pared del balde y colocar en él un tubito de cristal, provisto de tapón. De esta manera, se puede verter el agua con mayor comodidad.

Así, pues, disponemos ya de los utensilios necesarios para medir el espesor de la capa de agua de lluvia. Con el balde y la vasija medidora que hemos descrito no se podrán, claro está, realizar los cálculos con tanta precisión como con el pluviómetro y el cilindro graduado que se utilizan en las estaciones meteorológicas. No obstante, estos instrumentos, sencillos y baratos, permitirán hacer muchos cálculos instructivos.

Precisamente de estos cálculos, vamos ahora a ocuparnos.

92. Determinación de la cantidad de agua de lluvia

Imaginemos un huerto de 40 m de largo y 24 m de ancho. Ha llovido y desea usted saber qué cantidad de agua ha caído en el huerto. ¿Cómo calcularlo?

Está claro que debe comenzarse por determinar el espesor de la capa de agua de lluvia. Sin este dato no es posible efectuar cálculo alguno. Su pluviómetro ha indicado la altura del agua recogida, por ejemplo, 4 mm. Calculemos los cm. cúbicos de agua que corresponderían a cada metro del huerto si el agua no fuera absorbida por el terreno. Un m^2 tiene 100 cm. de ancho y 100 cm. de largo; sobre esta superficie se halla la capa de agua de 4 mm, o sea, de 0,4 cm. de altura. El volumen de dicha capa será:

$$100 \times 100 \times 0,4 = 4.000 \ cm^3.$$

Sabe usted que un cm^3 de agua pesa 1 gr. Por consiguiente, en cada m^2 del huerto habrán caído 4000 g o sea, 4 Kg. de agua de lluvia. En total, el huerto tiene una superficie de

$$40 \times 24 = 960 \ m^2.$$

Por tanto, el agua que ha caído en él será:

$$4 \times 960 = 3840 \ Kg.,$$

casi 4 toneladas.

Para mayor evidencia, continuemos nuestro cálculo. ¿Cuántos cubos de agua tendría usted necesidad de traer para regar el huerto con una cantidad de agua igual a la que ha proporcionado la lluvia? En un cubo corriente caben unos 12 Kg. de agua. Por consiguiente, la lluvia ha regado el huerto con:

3.840 : 12 = 320 cubos.

De lo dicho se deduce que hubiera usted necesitado echar en el huerto más de trescientos cubos para poder reemplazar el riego aportado por la lluvia que, en total, es posible que no durara más de un cuarto de hora.

¿Cómo expresar en cifras cuándo la lluvia es fuerte o débil? Para ello es preciso determinar el número de milímetros de agua (o sea, el espesor de la capa de agua) que caen durante *un minuto,* lo que se llama *magnitud de las precipitaciones.* Si la lluvia fuera tal que *en cada minuto* cayeran, por término medio, 2 mm de agua, sería un chaparrón muy fuerte. Durante las lluvias menudas de otoño, cada mm de agua se acumula en el curso de una hora o en un período de tiempo mayor.

Como puede verse, es posible medir la cantidad de agua que cae durante la lluvia y hasta es fácil hacerlo. Además, si se quiere, puede hallarse la cantidad aproximada de gotas sueltas que caen durante la lluvia. En efecto, en una lluvia corriente, cada doce gotas[15] pesan alrededor de un gramo. Esto supone que en cada m^2 del huerto caen en este caso

4.000 x 12 = 48.000 gotas.

Es fácil calcular también el número de gotas de agua que caen en todo el huerto. Pero este cálculo puede efectuarse únicamente a modo de curiosidad; no tiene ninguna utilidad práctica. Lo hemos mencionado sólo para mostrar qué

15 La lluvia cae siempre en forma de gotas, incluso cuando nos parece que lo hace a chorros.

resultados, increíbles a primera vista, pueden obtenerse si sabemos efectuar y efectuamos esos cálculos.

93. Determinación de la cantidad de agua procedente de la nieve

Hemos aprendido a medir el agua que cae en forma de lluvia. ¿Como puede medirse el agua procedente del granizo? Exactamente por el mismo procedimiento. Recoja el granizo en su pluviómetro, déjelo derretir, mida el agua obtenida y dispondrá de los datos necesarios para el cálculo.

El proceso de medición cuando se trata del agua procedente de la nieve, es algo diferente. En este caso, se obtendrían con el pluviómetro resultados muy inexactos, pues el viento puede   arrastrar parte de la nieve acumulada en el balde. Es posible realizar el cálculo de la cantidad de nieve sin necesidad de emplear el pluviómetro, midiendo directamente el espesor de la capa de nieve que cubre el patio, el huerto, el campo, etc., utilizando para ello una regla graduada de madera: Pero para conocer el espesor de la capa acuosa obtenida al derretirse la nieve, es preciso hacer una nueva operación, consistente en llenar el balde con nieve del mismo grado de porosidad, dejarla que se derrita y anotar la altura de la capa de agua obtenida. En esta forma, determina usted la altura, en mm, de la capa de agua resultante para cada cm. de espesor de la capa de nieve. Conociendo este dato, es fácil convertir el espesor de una cualquiera de nieve en la cantidad correspondiente de agua.

Si mide diariamente la cantidad de agua de lluvia caí-da en el período templado del año y añade al resultado el agua acumulada durante el invierno en forma de nieve, sabrá usted la cantidad total de agua que cae anualmente en su localidad. Este es un dato global muy importante, que indica la cantidad de precipitaciones para el lugar dado. (Se llama *precipitaciones* la cantidad total de agua caída, bien sea en forma de lluvia, de nieve, de granizo.)

Es bien sabido que en el globo terrestre existen gran-des diferencias de medias anuales en las precipitaciones según las zonas geográficas, que van desde menos de 25 a más de 200 cm.

Por ejemplo, si tomamos algunos casos extremos, cier-to lugar de la India es totalmente inundado por el agua de lluvia; caen anualmente 1260 cm, o sea, 12 1/2, m de agua. En cierta ocasión, cayeron en ese sitio, en *un día,* más de cien cm. de agua. Existen, por el contrario, lugares donde las precipitaciones son escasísimas; así, en ciertas regiones de América del Sur, por ejemplo, en Chile, se recoge durante *todo el año,* menos de 1 cm. de precipitaciones.

Las regiones donde las precipitaciones son inferiores a 25 cm. se llaman secas. En ellas no pueden cultivarse cereales sin emplear métodos artificiales de irrigación.

Es fácil comprender que si se mide el agua que cae anualmente en diversos lugares del globo terrestre, puede deducirse, por los datos obtenidos, el espesor medio de la capa de agua precipitada durante el año en la Tierra. Resulta que en la tierra firme (en los océanos no se realizan observaciones), la media anual de precipitaciones es de 78 cm. Se considera que en los océanos, la cantidad de agua caída en forma de lluvia viene a ser aproximadamente la misma que en las extensiones equivalentes de tierra firme. Para calcular la cantidad de agua que cae anualmente sobre nuestro planeta en forma de lluvia, granizo y nieve, hay que conocer la superficie total del globo terrestre. Si no tiene a mano dónde consultar este dato, puede calcularlo del modo siguiente:

Sabemos que un metro es casi exactamente la cuarentamillonésima parte de la circunferencia del globo terrestre. En otras palabras, la circunferencia de la Tierra es igual a 40.000.000 de m, o sea 40.000 Km. El diámetro de cualquier círculo es 3 1/r veces menor que el perímetro de su circunferencia. Conociendo esto podemos hallar el diámetro de nuestro planeta.

40.000 : 3 1/r= 12.700 Km.

La regla para determinar el área de una esfera consiste en multiplicar la longitud del diámetro por sí misma y por 3 1/r, o sea:

12.700 x 12.700 x 3 1/r = 509.000.000 Km².

(A partir de la cuarta cifra hemos puesto ceros, pues sólo son exactas las tres primeras.)

Por lo tanto, la superficie total del globo terrestre es de

509 millones de Km. cuadrados.

Volvamos ahora a nuestro problema. Calculemos el agua que cae en cada Km^2, de la superficie terrestre. En un m^2, o sea, en 10.000 cm^2, será:

78 x 10.000= 780.000 cm^3.

Un Km^2, tiene 1.000 x 1.000 = 1.000.000 de m^2. Por lo tanto, el agua correspondiente a esta extensión será:

780.000.000.000 cm^3 ó 780.000 m^3.

En toda la superficie terrestre caerá:

780.000 x 509.000.000 = 397.000.000.000.000 m^3.

Para convertir esta cantidad de m^3 en Km^3 hay que dividirla por 1.000 x 1.000 x 1.000, o sea, por mil millones. Obtenemos 397.000 Km^3.

Por consiguiente, la cantidad anual de agua que cae en forma de precipitaciones atmosféricas sobre nuestro planeta es, en números redondos, 400.000 Km^3.

Con esto damos fin a nuestra charla sobre la geometría de la lluvia y de la nieve. En los libros de meteorología puede encontrarse una descripción más detallada de todo lo dicho.

Treinta problemas diferentes

Espero que la lectura de este libro no haya pasado sin dejar huella en el lector; que no sólo le haya recreado, sino que le haya sido también de cierto provecho, desarrollando su comprensión e ingenio y enseñándole a utilizar sus conocimientos con mayor decisión y soltura. El lector, seguramente, deseará comprobar su capacidad comprensiva. A este fin van destinadas las tres decenas de problemas de diverso género, recopiladas en este último capítulo de nuestro libro.

94. La cadena

A un herrero le trajeron 5 trozos de cadena, de tres eslabones cada uno, y le encargaron que los uniera formando una cadena continua.

Antes de poner manos a la obra, el herrero comenzó a meditar sobre el número de anillos que tendría necesidad de cortar y forjar de nuevo. Decidió que le haría falta abrir y cerrar *cuatro* anillos.

¿No es posible efectuar este trabajo abriendo y enlazando un número menor de anillos? *(Solución p. 234)*

81 Cinco trozos de cadena

95. Las arañas y los escarabajos

Un chiquillo cazó varias arañas y escarabajos, en total ocho, y los guardó en una caja. Si se cuenta el número total de patas que corresponde a los 8 animales resultan 54 patas.

¿Cuántas arañas y cuántos escarabajos hay en la caja?

(Solución p. 234)

96. El impermeable, el sombrero y los chanclos

Cierta persona compró un impermeable, un sombrero y unos chanclos y pagó por todo 140 euros. El impermeable le costó 90 euros más que el sombrero; el sombrero y el impermeable juntos costaron 120 euros más que los chanclos. ¿Cuál era el precio de cada prenda?

El problema hay que resolverlo mentalmente, sin emplear ecuaciones. *(Solución p. 235)*

97. Los huevos de gallina y de pato

Las cestas que se ven en la figura 82 contienen huevos; en unas cestas hay huevos de gallina, en las otras de pato. Su número está indicado en cada cesta. «Si vendo esta cesta —meditaba el vendedor— me quedarán el doble de huevos de gallina que de pato».

¿A qué cesta se refiere el vendedor? *(Solución p. 236)*

82 ¿A qué cesta se refiere el vendedor?

98. El vuelo

Un avión cubrió la distancia que separa las ciudades *A* y *B* en 1 hora y 20 minutos. Sin embargo, al volar de regreso recorrió esa distancia en 80 minutos.

¿Cómo se explica esto? *(Solución p. 236)*

99. Regalos en metálico

Dos padres regalaron dinero a sus hijos. Uno de ellos dio a su hijo ciento cincuenta euros, el otro entregó al suyo cien. Resultó, sin embargo, que ambos hijos juntos aumentaron su capital solamente en ciento cincuenta euros.

¿De qué modo se explica esto? *(Solución p. 237)*

100. Las dos fichas

En un tablero del juego de damas hay que colocar dos fichas, una blanca y otra negra. ¿De cuántos modos diferentes pueden disponerse dichas fichas? *(Solución p. 237)*

101. Con dos cifras

¿Cuál es el menor número entero positivo que puede usted escribir con dos cifras? *(Solución p. 238)*

102. La unidad

¿Cómo expresar la unidad, empleando al mismo tiempo las diez primeras cifras? *(Solución p. 238)*

103. Con cinco nueves

Exprese el número diez empleando cinco nueves. Indique, como mínimo, dos procedimientos. *(Solución p. 239*

104. Con las diez cifras

Exprese el número ciento, utilizando las diez primeras cifras. ¿Por cuántos procedimientos puede usted hacerlo? Existen como mínimo cuatro procedimientos. *(Solución p. 239)*

105. División enigmática

En el ejemplo de división que vamos a ver, todas las cifras están reemplazadas por asteriscos, a excepción de cuatro cuatros. Coloque en lugar de los asteriscos las cifras reemplazadas.

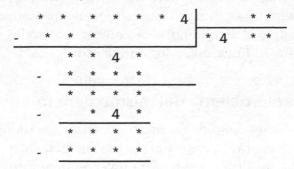

Este problema puede resolverse en diferentes formas. *(Solución p. 240)*

106. Un ejemplo más de división

Haga la misma operación en el ejemplo siguiente en el cual están sin reemplazar únicamente siete sietes.

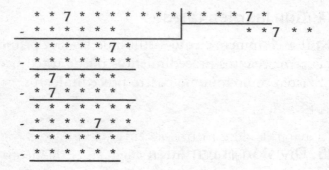

(*Solución p. 240*)

107. ¿Qué resulta?

Supongamos un cuadrado de un metro de lado, dividido en cuadraditos de un milímetro. Calcule mentalmente qué longitud se obtendría si colocásemos todos los cuadraditos en línea, adosados unos a otros. (*Solución p. 241*)

108. Otro problema del mismo género

Imagínese un cubo de un metro de arista dividido en cubitos de un milímetro. Calcúlense mentalmente los kilómetros de altura que tendría una columna formada por todos los cubitos dispuestos uno encima del otro. (*Solución p. 241*)

109. Por cuatro procedimientos

Exprese el número ciento de cuatro modos distintos, empleando cinco cifras iguales. (*Solución p. 241*)

110. Con cuatro unidades

¿Cuál es el número mayor que puede usted escribir con cuatro unos? *(Solución p. 242)*

111. El avión

Un avión de doce metros de envergadura fue fotografiado desde el suelo durante su vuelo en el momento de pasar por la vertical del aparato. La cámara fotográfica tiene doce cm. de profundidad. En la foto, el avión presenta una envergadura de ocho mm. ¿A qué altura volaba el avión en el momento de ser fotografiado? *(Solución p. 242)*

112. Número de caminos posibles

En la figura 83 se ve un bosque dividido en sectores, separados entre sí por veredas. La línea de puntos indica el camino a seguir por las veredas para ir desde el punto *A* al *B*. Naturalmente, éste no es el único camino entre dichos puntos, siguiendo las veredas. ¿Cuántos caminos diferentes, pero de igual longitud, existen entre los puntos mencionados? *(Solución p. 243)*

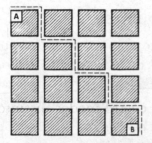

83 Bosque dividido por veredas

113. La esfera del reloj

Se trata de dividir esta esfera de reloj (fig. 84) en seis partes, de la forma que usted desee, pero con la condición de que en cada parte, la suma de los números sea la misma.

Este problema tiene por objeto comprobar más que su ingenio, su rapidez de comprensión. *(Solución p. 243)*

84 Esta esfera de reloj hay que dividirla en partes

114. Un millón de objetos

Un objeto pesa 89,4 gr. Calcule mentalmente las toneladas que pesa un millón de estos objetos. *(Solución p. 243)*

115. La estrella de ocho puntas

Hay que distribuir los números del 1 al 16 en los puntos de intersección de las líneas de la figura 85 de modo que la suma de los cuatro números que se hallan en cada lado de los dos cuadrados sea 34 y que la suma de los cuatro números que se encuentran en los vértices de cada cuadrado sea también 34. *(Solución p. 244)*

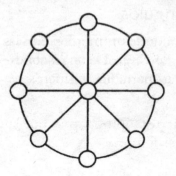

85 Estrella de ocho puntas

116. La rueda con números

Las cifras del 1 al 9 hay que distribuirlas en la rueda de la figura 86: una cifra debe ocupar el centro del círculo y las demás, los extremos de cada diámetro de manera que las tres cifras de cada fila sumen siempre 15. *(Solución p. 244)*

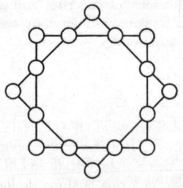

86 Rueda con números

117. Determinación de ángulos

¿Qué magnitud tienen los ángulos formados por las saetas de los relojes de la figura 87? Debe resolverse mentalmente sin utilizar el transportador. *(Solución p. 244)*

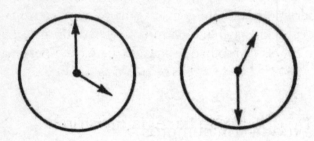

87 ¿Qué magnitud tienen los ángulos formados por las saetas?

118. La mesa de tres patas

Existe la opinión de que una mesa de tres patas nunca se balancea, incluso aunque las patas sean de longitud diferente. ¿Es verdad esto? *(Solución p. 245)*

119. Por el ecuador

Si pudiéramos recorrer la Tierra siguiendo el ecuador, la coronilla de nuestra cabeza describiría una línea más larga que la planta de los pies. ¿Qué magnitud tendría la diferencia entre estas longitudes? *(Solución p. 245)*

120. En seis filas

Seguramente conoce usted la historia cómica sobre cómo nueve caballos fueron distribuidos en diez establos y en cada establo resultó haber un caballo. El problema que voy a proponerle se parece mucho a esta broma célebre, pero no tiene solución imaginaria, sino completamente real. Consiste en lo siguiente: Distribuir 24 personas en 6 filas de modo que en cada fila haya 5 personas.

(Solución p. 246)

121. ¿De qué modo hacer la división?

Existe un problema ya conocido: dividir una escuadra (o sea, un rectángulo del que se ha separado la cuarta parte) en cuatro partes iguales. Pruebe a dividir esta misma figura en tres partes, como se muestra en la figura 88, de manera que las tres sean iguales. ¿Es posible resolver este problema? *(Solución p. 246)*

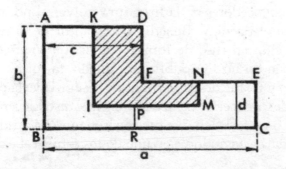

88 ¿Cómo dividir la escuadra en tres partes iguales?

122. La cruz y la media luna

En la figura 89 está representada una media luna[16], formada por dos arcos de círculo. La tarea consiste en dibujar un emblema de la Cruz Roja, cuya área sea geométricamente igual a la de la media luna. *(Solución p. 248)*

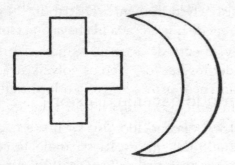

89 ¿Cómo convertir la media luna en cruz?

123. El problema de Benedíktov

Muchos conocedores de la literatura universal no sospechan que el poeta V. Benedíktov es autor de la primera colección en ruso de rompecabezas matemáticos. Este compendio no fue publicado; quedó en forma de manuscrito y no fue descubierto hasta 1924. Tuve la posibilidad de conocerlo, e incluso llegué a establecer el año 1869 como fecha en que fue escrito (en el manuscrito no se señala), basándome en uno de los rompecabezas.

---

16 En realidad no es una media luna (la media luna tiene forma de semicírculo), sino *un cuarto* de luna.

Copio de ese compendio el siguiente problema, expuesto por el poeta en forma literaria. Se titula *Solución ingeniosa de un problema complicado*.

»Una comadre tenía para vender nueve decenas de huevos. Envió al mercado a sus tres hijas, entregando a la mayor y más lista de ellas una decena; a la segunda, tres decenas, y a la tercera, la menor, cincuenta huevos, y les dijo:

»—Poneos previamente de acuerdo y fijad el precio a que debéis vender los huevos, y no os volváis atrás de lo convenido. Manteneos firmes las tres en lo tocante al precio; pero confío en que mi hija mayor, gracias a su sagacidad, aun ateniéndose al acuerdo de vender todas al mismo precio, sacará tanto por su decena como la segunda por sus tres decenas, y al mismo tiempo, aleccionará a la segunda hermana sobre cómo vender las tres decenas por el mismo precio que la menor los cincuenta huevos. El producto de la venta y el precio deben ser los mismos para las tres. Quiero que vendáis todos los huevos, de modo que saquemos, en números redondos, 10 kopecs, como mínimo, por cada decena y no menos de 90 kopeks por las nueve decenas».

Con esto interrumpo, por ahora, el relato de Benedíktov, con objeto de que los propios lectores puedan adivinar cómo cumplieron las tres muchachas el encargo recibido. *(Solución p. 250)*

Soluciones

1

El rompecabezas referente a la ardilla en el calvero ha sido analizado en el mismo problema. Pasamos al siguiente.

2

Contestaremos fácilmente a la primera cuestión —al cabo de cuántos días se reunirán en la escuela a la vez los cinco círculos –, si sabemos encontrar el menor de todos los números que se dividen exactamente (mínimo común múltiplo) por 2, 3, 4, 5, y 6. Es fácil comprender que este número es el 60. Es decir, el día 61 se reunirán de nuevo los 5 círculos: el de deportes, después de 30 intervalos de dos días; el de literatura, a los 20 intervalos de 3 días; el de fotografía, a los 15 intervalos de cuatro días; el de ajedrez, a los 12 de 5 días, y el de canto, a los 10 de 6 días. Antes de 60 días no habrá una tarde así. Pasados otros 60 días vendrá una nueva tarde semejante, durante el segundo trimestre.

Así, pues, en el primer trimestre hay una sola tarde en la que se reunirán de nuevo los cinco círculos a la vez.

Hallar respuesta a la pregunta ¿cuántas tardes no se reunirá ningún círculo? resulta más complicado. Para encontrar esos días hay que escribir por orden los números del 1 al 90 y tachar, en la serie, los días de funcionamiento del círculo de deportes; es decir, los numeras 1, 3, 5, 7, 9, etc. Luego hay que tachar los días de funcionamiento del círculo de literatura: el 4, 10, etc. Después de haber tachado los correspondientes a los círculos de fotografía, de ajedrez y de canto, nos quedarán los días que en el primer trimestre no haya funcionado ni un solo círculo.

Quien haga esta operación se convencerá de que en el curso del trimestre primero, son bastantes —24— los días en que no funciona ningún círculo; en enero: 8: los días 2, 8, 12, 14, 18, 20, 24 y 30. En febrero hay 7 días así, y en marzo, 9.

3

Ambos contaron el mismo número de transeúntes. El que estaba parado junto a la puerta contaba los transeúntes que marchaban en ambas direcciones, mientras que el que andaba veía dos veces más personas que se cruzaban con él.

4

A primera vista puede efectivamente creerse que el problema está mal planteado; parece como si el nieto y el abuelo fueran de la misma edad. Sin embargo, las condiciones exigidas por el problema se cumplen fácilmente, como vamos a verlo ahora mismo.

El nieto, evidentemente, ha nacido en el siglo XX. Las dos primeras cifras del año de su nacimiento, por consiguiente, son 19; ése es el número de las centenas. El número expresado por las cifras restantes, sumado con él mismo, debe dar como resultado 32. Es decir, que este número es 16: el año de nacimiento del nieto es 1916, y en 1932 tenía 16 años.

El abuelo nació, claro está, en el siglo XIX; las dos primeras cifras del año de su nacimiento son 18. El número duplicado, expresado por las restantes cifras, debe sumar 132. Es decir, que su valor es igual a la mitad de este número, o sea, a 66. El abuelo nació en 1866, Y en 1932 tenía 66 años.

De este modo, nieto y abuelo tenían, en 1932, tantos años como expresan las dos últimas cifras de los años de su nacimiento.

5

En cada una de las 25 estaciones, los pasajeros pueden pedir billete para cualquier estación, es decir, para los 24 puntos diferentes. Esto indica que el número de billetes diferentes que hay que preparar es de 25 x 24 = 600.

6

Este problema no contiene contradicción alguna. No hay que pensar que el dirigible vuela siguiendo el perímetro de un cuadrado; es necesario tener en cuenta la forma esferoidal de la Tierra. Los meridianos, al avanzar hacia el Norte, se van aproximando (fig. 1); por ello, cuando vuela los 500 kilómetros siguiendo el arco del paralelo situado a 500 Km.

al norte de la latitud de Leningrado, el dirigible se desplaza hacia Oriente un número de grados mayor que el que recorre después en dirección contraria, al encontrarse de nuevo en la latitud de Leningrado. Como resultado de ello el dirigible, al terminar el vuelo, estaba al este de Leningrado.

¿Cuanto? Esto puede calcularse. En la figura 1, ven ustedes la ruta seguida por el dirigible: *ABCDE.* El punto *N* es el Polo Norte; en ese punto se juntan los meridianos *AB* y *CD.* El dirigible voló primero 500 Km. hacia el Norte, es decir, siguiendo el meridiano *AN.* Como la longitud de un grado de meridiano equivale a 111 Km. el arco de meridiano de 500 Km. contendrán 500: 111=4 grados y medio. Leningrado está situado en el paralelo 60; por consiguiente, el punto *B* se encuentra en los 60°+4,5°=64,5°. Después, el dirigible voló con rumbo Este, es decir, por el paralelo *BC,* y recorrió, siguiéndolo, 500 Km. La longitud de un grado en este paralelo puede calcularse (o verse en las tablas); equivale a 48 Km. Es fácil determinar cuántos grados recorrió el dirigible en dirección Este, 500: 48=10,4°. Luego, la nave aérea tomó dirección Sur es decir voló siguiendo el meridiano *CD* y recorridos 500 Km. había de encontrarse de nuevo en el paralelo de Leningrado. Ahora la ruta toma dirección Oeste, es decir, va por *AD;* 500 Km. de este camino es evidentemente una distancia más corta que *AD.* En la distancia *AD* hay los mismos grados que en la *BC,* es decir, 10,4°. Pero la distancia de un grado, a los 60° de latitud, equivale a 55,5 Km. Por consiguiente, entre *A* y D existe una distancia igual a 55,5 x 10,4=577 kilómetros. Vemos, pues, que el dirigible no podía aterrizar en Leningrado: le faltaron 77 Km. para negar a este punto; es decir, que descendió en el lago Ladoga.

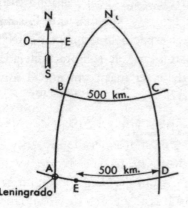

7

Los que han hablado sobre este problema han cometido algunas faltas. No es cierto que los rayos del Sol que caen sobre la Tierra diverjan sensiblemente. Comparada con la distancia que la separa del Sol, la Tierra es tan pequeña que los rayos del Sol que caen sobre cualquier parte de su superficie divergen en un ángulo pequeñísimo, inapreciable; prácticamente pueden considerarse paralelos. A veces contemplamos, en la llamada *irradiación tras las nubes,* que los rayos del Sol se difunden en forma de abanico; esto sólo es fruto de la perspectiva. Observadas en perspectiva, las líneas paralelas parecen convergentes; recuerden, por ejemplo, los raíles que se pierden a lo lejos, o una larga avenida de árboles.

No obstante, el que los rayos del Sol caigan sobre la Tierra en un haz paralelo, no quiere decir, ni mucho menos, que la sombra completa del dirigible sea igual a la longitud del mismo. Si examinamos la figura 2 veremos que la sombra completa del dirigible en el espacio se reduce en dirección a la Tierra y que, por consiguiente, la sombra, reflejada en la superficie de la Tierra, debe ser más corta que el mismo dirigible: CD menor que AB.

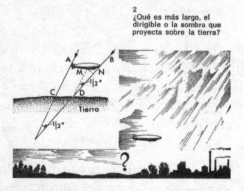

2
¿Qué es más largo, el dirigible o la sombra que proyecta sobre la tierra?

Si se sabe la altura a que vuela el dirigible, puede calcularse la magnitud de esta diferencia. Supongamos que vuele a una altura de 1000 m sobre la superficie terrestre. El ángulo formado por las líneas AC y BD será igual al ángulo por el que se ve el Sol desde la Tierra; la magnitud de este ángulo es conocida: tiene cerca de medio grado. Por otra parte, es sabido que cualquier objeto, visto bajo un ángulo de medio grado, dista del ojo observador 115 veces su diámetro. Es decir, el segmento MN (este segmento se ve desde la superficie terrestre bajo un ángulo de medio grado) debe ser la ciento quinceava parte de AC. La magnitud de AC es mayor que la perpendicular bajada desde A a la superficie de la tierra. Si el ángulo comprendido entre la dirección de los rayos solares y la superficie terrestre es de $45°$, AC (estando el dirigible a 1 000 m de altura) equivale a unos 1 400 m, y por consiguiente, el segmento MN

es igual a $\dfrac{1400}{115} = 12m.$

Pero la diferencia entre la longitud del dirigible y la de su sombra, es decir, el segmento MB, es mayor que MN, exactamente 1,4 veces mayor, porque el ángulo MBD es casi de 45°. Por consiguiente MB es igual a 12 x 1,4; o sea, casi 17 m. Todo lo dicho se refiere a la sombra completa del dirigible, negra y precisa, y no a la llamada semisombra, débil y difuminada. Nuestros cálculos muestran, entre otras cosas, que si en lugar del dirigible hubiera un pequeño globo de menos de 17 metros de diámetro, no daría sombra completa alguna; se vería sólo una semisombra vaga.

8

El problema hay que resolverlo empezando por el final. Vamos a partir de que, hechas todas las mudanzas correspondientes, los montoncitos tienen un número igual de cerillas. Ya que en esos cambios el número total de cerillas no ha cambiado, ha quedado invariable (48), al terminar todas las mudanzas resultó haber en cada montón 16 cerillas.

Así, pues, al terminar tenemos:

montón I	montón II	montón II
16	16	16

Inmediatamente antes de esto, se habían añadido al primer montón tantas cerillas como había en él; en otras palabras, el número de cerillas de este montón se había *duplicado*. Esto quiere decir que antes de hacer el último cambio, en el primer montón no había 16 cerillas, sino 8. En el tercero, del cual quitamos 8 cerillas había, antes de hacer esta operación, 16 + 8 = 24 cerillas.

Las cerillas están ahora distribuidas por los montones así:

montón I	montón II	montón II
8	16	24

Sigamos. Sabemos que antes de esto fueron pasadas desde el segundo montón al tercero tantas cerillas como había en éste: es decir, que el número 24 es el *doble* de las cerillas existentes en el montón tercero antes de este cambio. De ahí deducimos la distribución de las cerillas después de la primera mutación:

montón I	montón II	montón II
8	16+12=28	12

Es fácil darse cuenta de que antes de hacer el primer cambio (es decir, antes de pasar del primer montón al segundo tantas cerillas como había en éste), la distribución de las cerillas era la siguiente:

montón I	montón II	montón II
22	14	12

Este era el número de cerillas que había al principio en cada uno de los montones.

9

También es más sencillo resolver este rompecabezas empezando por el final. Sabemos que después de la *tercera* duplicación quedaron en el portamonedas un euro y veinte céntimos (éste fue el dinero que recibió el viejo la última vez). ¿Cuánto había antes de esta operación? Está claro que sesenta céntimos. Estos céntimos habían quedado después de pagar al viejo por segunda vez; un euro y veinte céntimos; habiendo en el portamonedas, antes de pagarle, 1 euro y 20 céntimos + 60 céntimos = 1 euro y 80 céntimos.

Esta cantidad resultó haber en el portamonedas después de la *segunda* duplicación; antes de ella había sólo 90 céntimos, que habían quedado después de haber abonado al viejo por primera vez 1 euro y 20 céntimos. De aquí deducimos que en el portamonedas, antes de pagarle, había 90 céntimos + 1 euro y 20 céntimos = 2 euros y 10 céntimos. En el portamonedas había este dinero después de *la primera* duplicación; anteriormente había dos veces menos; es decir, 1 euro y 5 céntimos.

Este era el dinero que poseía el campesino antes de sus desgraciadas operaciones financieras.

Comprobemos la solución:

Dinero en el portamonedas :

Después de la primera duplicación:
1€. 5 cm. x 2 = 2 €. 10 cm.
Después del pago 1º:

10 x 2€ 10 cm. - 1€. 20 cm. = 90 cm.

Después de la 2ª duplicación:

90 cm. x 2 = 1€. 80 cm.

Después del pago 2º:

1€. 80 cm. - 1€. 20 cm. = 60 cm.

Después de la 2ª duplicación:

60 cm. x 2 = €. 20 cm.

Después del pago 3º:

1€ 20 cm. - 1€ 20 cm. = 0 cm.

10

Nuestro calendario tiene su origen en el de los antiguos romanos. Estos (antes de Julio César) consideraban como comienzo del año el 1 de marzo y no el 1 de enero. Por consiguiente, diciembre era entonces el mes *décimo*. Al pasar a contar el año desde el 1 de enero, los nombres de los meses no cambiaron. De ahí proviene la falta de correlación existente entre el nombre y el número ordinal correspondiente a algunos meses en la actualidad.

Nombre del mes	Significado del nombre	Ordinal
Septiembre	séptimo	IX
Octubre	octavo	X
Noviembre	noveno	XI
Diciembre	décimo	XII

11

Analicemos lo que se ha hecho con el número pensado. Ante todo, se le ha agregado detrás el número dado de tres cifras. Es lo mismo que agregarle tres ceros y luego sumarle el número inicial; por ejemplo:

$$872\ 872 = 872\ 000 + 872$$

Se ve claro qué es lo que en realidad se ha hecho con el número: se ha aumentado 1000 veces y además se ha añadido el mismo número; en resumidas cuentas, hemos multiplicado el número por 1001.

¿Qué se ha hecho después con el producto? Lo han dividido por 7, por 11 y por 13. Es decir, lo han dividido por el producto de 7 x 11 x 13, o lo que es lo mismo, por 1001.

Así, pues, el número pensado, primero lo han multiplicado por 1001 Y luego lo han dividido entre 1001. ¿Cabe, pues, admirarse de que se haya obtenido el mismo número?

Antes de poner fin al capítulo de los rompecabezas en el albergue, explicaré tres trucos aritméticos más para que puedan ustedes entretener a sus amigos en los ratos libres. Dos de estos trucos consisten en averiguar números; el tercero en averiguar cuáles son los propietarios de objetos determinados.

Son trucos viejos; hasta es posible que los conozcan, pero no todos seguramente saben en qué se basan. Para que el truco pueda presentarse en forma segura y racional, se requieren ciertos conocimientos teóricos. Los dos primeros trucos exigen una pequeña y nada fatigosa incursión por el álgebra elemental.

15

A fin de simplificar el problema, dejemos por ahora a un lado los 7 dobles: 0 - 0, 1 - 1, 2 - 2, 3 - 3, 4 - 4, 5 - 5, 6 - 6. Nos quedan 21 fichas en las que cada número de tantos se repite seis veces. Por ejemplo, tenemos que todos los cuatro serán:

4 - 0; 4 - 1; 4 - 2; 4 - - 3; 4 - 5; 4 - 6.

Así, pues, cada número de tantos se repite, como vemos, un número par de veces. Claro que las fichas que forman cada grupo pueden casarse una con otra hasta que se agote el grupo. Una vez hecho eso, cuando nuestras 21 fichas están casadas formando una fila ininterrumpida, colocamos los siete dobles 0 - 0, 1 - 1, 2 - 2, etc., en los sitios correspondientes entre las dos fichas casadas. Entonces, las 28 fichas resultan, formando una sola línea, casadas según las reglas del juego.

16

Es fácil demostrar que en la fila del dominó debe ser idéntico el número de tantos del final y del comienzo. En realidad, de no ser así, el número de tantos de los extremos de la fila se repetiría un número *impar* de veces (en el interior de la línea el número de tantos está formando parejas); sabemos, sin embargo, que en las fichas del dominó, cada número de tantos se repite ocho veces: es decir, un número par de veces. Por consiguiente, la suposición de que el número de tantos en los extremos de la línea no fuera el mismo, no es justa; el número de tantos debe ser el mismo. (Razonamientos semejantes a éste reciben en matemáticas la denominación de *demostración por el contrario.*)

De esta propiedad que acabamos de demostrar, se deduce que la línea de 28 fichas del dominó puede siempre cerrarse por los extremos formando un anillo. De aquí que todas las fichas del dominó puedan casarse siguiendo las reglas del juego, y formar no sólo una fila, sino un círculo cerrado.

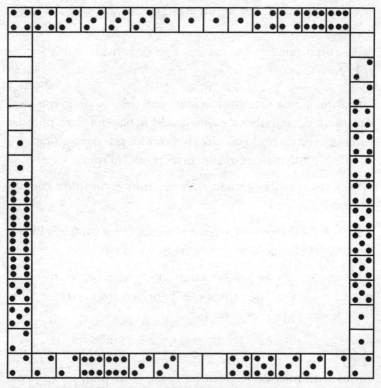

13 Otra de las combinaciones en marco de las fichas del dominó

Es posible que interese a los lectores saber cuántas líneas o círculos diferentes de ese tipo pueden formarse. Sin entrar en detalles fatigosos de cálculos, diremos que el número de modos diferentes de distribución que pueden formar las 28 fichas en una línea (o en un círculo) es enorme: pasa de 7 billones. Su número exacto es:

7 959 229 931 520.

(Es el producto de los siguientes factores 2^{13} x 3^8 x 5 x 7 x 4.231.)

17

La solución de este rompecabezas se deduce de lo que acabamos de decir. Sabemos que las 28 fichas del dominó pueden casarse formando un círculo cerrado; por consiguiente, si de este círculo quitamos una ficha resultará que:

1.º Las otras 27 forman una fila ininterrumpida con los extremos sin casar;

2.º Los tantos de los extremos de esta línea coincidirán con los números de la ficha que se ha quitado.

Escondiendo una ficha del dominó, podemos decir previamente el número de tantos que habrá en los extremos de la línea formada por las otras fichas.

18

La suma de tantos del cuadrado buscado debe ser 44 x 4 = 176; es decir, 8 más que la suma de todos los tantos del dominó (168). Esto ocurre porque el número de tantos de las fichas que ocupan los ángulos del cuadrado se cuentan dos veces. De lo dicho se deduce que la suma de los tantos en los extremos del cuadrado debe ser ocho. Esto facilita en cierto modo la colocación exigida, aunque el encontrarla es bastante enredoso. La solución viene indicada en la figura 13.

14. Combinaciones formando cuadro de las fichas del dominó

15. Otra de las combinaciones con las fichas del dominó formando cuadro

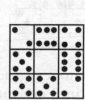

19

Damos dos soluciones de este problema entre las muchas posibles. En la primera (fig. 14) tenemos:

1 cuadrado con una suma de 3	2 cuadrados con una suma de 9
1 cuadrado con una suma de 6	1 cuadrado con una suma de 10
1 cuadrado con una suma de 8	1 cuadrado con una suma de 16

En la segunda solución (fig. 15) tenernos:

2 cuadrados con una suma de 4	2 cuadrados con una suma de 10
1 cuadrado con una suma de 8	2 cuadrados con una suma de 12

20

La figura 16 ofrece un modelo de cuadrado mágico, con 18 tantos en cada fila.

16 Otro modelo de cuadrado mágico con las fichas de dominó

21

He aquí, corno ejemplo, dos progresiones en que la razón es 2.

a) 0-0; 0-2; 0-4; 0-6; 4-4 (o 3-5); 5-5 (o 4-6).

b) 0-1; 0-3 (o 1-2); 0-5 (o 2-3); 1-6 (o 3-4); 3-6 (o 4-5);5-6

En total se pueden formar 23 progresiones a base de las 6 fichas. Las fichas iniciales son las siguientes:

a) para progresiones en las que la razón es 1:

0 - 0 1 - 1 2 - 1 2 - 2 3 - 2

0 - 1 2 - 0 3 - 0 3 - 1 2 - 4

1 - 0 0 - 3 0 - 4 1 - 4 3 - 5

0 - 2 1 - 2 1 - 3 2 - 3 3 - 4

b) para progresiones en las que la razón es 2:

0 - 0; 0 - 2; 0 - 1.

22

El orden exigido por el problema puede lograrse, partiendo de la colocación inicial, por medio de los 44 movimientos siguientes:

14, 11, 12, 8, 7, 6, 10, 12, 8, 7,

4, 3, 6, 4, 7, 14, 11, 15, 13, 9,

12, 8, 4, 10, 8, 4, 14, 11, 15, 13,

9, 12, 4, 8, 5, 4, 8, 9, 13, 14,

10, 6, 2, 1,

23

El orden exigido por el problema se consigue por medio de los 39 movimientos siguientes:

14, 15, 10, 6, 7, 11, 15, 10, 13, 9,

5, 1, 2,   3, 4, 8, 12, 15, 10, 13,

9, 5, 1, 2, 3, 4, 8, 12, 15, 14,

13, 9, 5, 1, 2, 3, 4, 8, 12,

24

El cuadrado mágico en que la suma sea 30 se forma después de los movimientos:

12, 8, 4, 3, 2, 6, 10, 9, 13, 15,

14, 12, 8, 4, 7, 10, 9, 14, 12, 8,

4, 7, 10, 9, 6, 2, 3, 10, 9, 6,

5, 1, 2, 3, 6, 5, 3, 2, 1, 13,

14, 3, 2, 1, 13, 14, 3, 12, 15, 3.

Para el planteamiento y solución de los rompecabezas del dominó y del *juego del 15* no nos hemos salido de los límites de la aritmética. Al pasar a los problemas concernientes al juego de croquet entramos, en parte, en los dominios de la geometría,

25

Incluso un jugador hábil dirá seguramente que en las condiciones dadas, es más fácil atravesar los aros que golpear la bola del contrario, puesto que los aros son dos veces más anchos que la bola. Sin embargo, esa idea es equivocada: los aros, cierto, son más anchos que la bola, pero el espacio libre para que la bola pase por el interior del aro es dos veces menor que el que la bola misma presenta al hacer blanco.

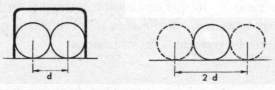

17 Y 18 ¿Pasar o chocar con la bola?

Observen la figura 17, y verán con claridad lo que acabamos de decir. El centro de la bola no debe acercarse al alambre del aro a una distancia inferior a su radio; en caso contrario, la bola tocará el aro. Quiere decirse que al centro de la bola le queda un blanco que es dos radios menor que la anchura del aro. Puede verse con facilidad que en las condiciones dadas en nuestro problema, la anchura del blanco al atravesar el aro desde la posición más ventajosa, es igual a la magnitud del diámetro de la bola.

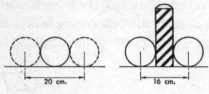

19 Y 20 La bola y el poste

Veamos ahora la anchura del blanco en relación con el centro de una bola en movimiento que golpea la del contrario. Es evidente que si el centro de la bola lanzada se aproxima al centro de la bola que debe ser golpeada a una distancia menor que un radio, el choque se realizará. Esto quiere decir que la anchura del blanco en este caso, como puede verse en la figura 18, equivale a dos diámetros de la bola.

Así, pues, a pesar de lo que opinen los jugadores, en las condiciones expuestas, *es dos veces más fácil* dar en la bola que pasar libremente el aro desde la mejor posición.

26

Después de lo que acabamos de decir, el problema no exige detalladas explicaciones. Puede verse fácilmente (fig. 19) que la anchura del blanco en el caso de que la bola sea tocada, equivale a dos diámetros de la bola, o sea, a 20 cm; mientras que la anchura del blanco al apuntar al poste es igual a la suma del diámetro de la bola y del poste, o sea, a 16 cm. (fig. 20). De aquí que acertar en la bola del contrario es

20: 16 = 1 1/4 veces,

o sea 25% más fácil que tocar el poste. Los jugadores, de ordinario, aumentan mucho las probabilidades de tocar la bola al compararlas con las de dar en el poste.

27

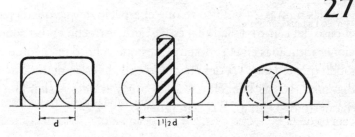

21,22,y 23 ¿Pasar o chocar con el poste?

Cualquier jugador discurrirá del modo siguiente: Ya que el aro es doble de ancho que la bola, y el poste dos veces más estrecho que esta bola, el blanco será *cuatro veces* mayor para atravesar el aro que para dar en el poste. El lector aleccionado ya por los problemas anteriores, no incurrirá en semejante error. Calculará que al apuntar al poste, el blanco es vez y media más ancho que para pasar a través del aro desde la posición más ventajosa. Esto se ve claro en las figuras 21 y 22.

(Si los aros no fueran rectangulares, sino semicirculares, la probabilidad de paso de la bola sería aún menor, como es fácil deducirlo observando la figura 23).

28

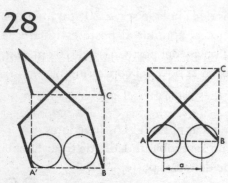

24 y 25 La ratonera impracticable

En las figuras 24 y 25 se ve que el espacio *a,* que queda para el paso del centro de la bola, es bastante estrecho en las condiciones indicadas en el problema. Los que conocen la geometría saben que el lado AB del cuadrado es 1,4 veces menor que su diagonal AC. Si la anchura de los arcos es de $3d$ (siendo d el diámetro de la bola), AB será igual a:

$$3d: 1,4 = 2, 1d.$$

El espacio *a*, blanco del centro de la bola que pasa la ratonera desde la posición mas favorable, es todavía más estrecho. Es un diámetro más pequeño e igual a: .

$$2,1d - d = 1,1d.$$

Sin embargo, sabemos que el blanco referido al centro de la bola que va a tocar la del contrario equivale a $2d$. Por consiguiente, es casi dos veces más fácil tocar la bola del contrario en las condiciones indicadas, que pasar la ratonera.

29

Es imposible pasar la ratonera cuando la anchura del aro sobrepasa el diámetro de la bola menos de 1,4 veces. Así se deduce de las explicaciones dadas en el problema anterior. Si los aros tienen forma ,de arco circular, las condiciones del paso se complican todavía más.

30

Después de haber cogido la madre la mitad, quedó 1/2; después de cederle al hermano mayor, 1/4; después de haber cortado el padre, 1/8; y después de la hermana, 1/8 x 3/4 = 3/40. Si 30 cm. constituyen los 3/40 de la longitud inicial del bramante, la longitud total equivaldrá a 30: 3/40= 400 cm; o sea, 4 m.

31

Bastan tres calcetines, porque dos serán siempre del mismo color. La cosa no es tan fácil con los guantes, que se distinguen no sólo por el color, sino porque la mitad de los guantes son de la mano derecha y la otra mitad de la izquierda. En este caso hará falta sacar 21 guantes. Si se sacan menos, por ejemplo 20, puede suceder que los 20 sean de una mano (por ejemplo, 10 de color café de la mano izquierda y 10 negros de la izquierda).

32

Está claro que el pelo que tarda más en caer es el más reciente, es decir, el que tiene un día de edad.

Veamos al cabo de cuánto tiempo le llegará el turno de caerse. De los 150.000 pelos que hay, en un momento dado, en la cabeza, durante el primer mes caen 3.000; los dos primeros meses, 6.000; en el curso del primer año, 12 veces 3.000, o sea, 36.000. Por consiguiente pasarán poco más de cuatro años antes de que al último pelo le llegue el turno de caerse. En esta forma se ha determinado que el promedio de vida del cabello del hombre asciende a poco más de cuatro años.

33

Sin pensarlo, muchos contestan: 200 euros. No es así, porque en ese caso, el salario fundamental sería sólo 150 euros más que lo cobrado por horas extraordinarias, y no 200 euros más.

El problema hay que resolverlo del modo siguiente. Sabemos que si sumamos 200 euros a 10 cobrado por horas extraordinarias, nos resulta el salario fundamental. Por eso, si a 250 euros les sumamos 200 euros deben resultarnos dos salarios fundamentales. Pero 250 + 200 = 450. Esto es, 450 euros constituyen dos veces el salario fundamental. De aquí que un salario fundamental, sin el pago por horas extraordinarias, equivalga a 225 euros; lo correspondiente a las horas extraordinarias es lo que falta hasta 250 euros, es decir, 25 euros.

Hagamos la prueba: el salario fundamental —225 euros— sobrepasa en 200 euros lo cobrado por las horas extraordinarias, 25 euros, de acuerdo con las condiciones del problema.

34

Este problema es curioso por dos razones: en primer lugar, puede sugerir la idea de que la velocidad buscada es la media entre 10 y 15 kilómetros por hora; es decir, igual a 12 y 1/2 Km. por hora. No es difícil convencerse de la falsedad de esa suposición. Efectivamente, si la distancia del recorrido es a kilómetros, el esquiador, yendo a una velocidad de 15 kilómetros por hora, estará en camino $a/15$ horas; y si lo hace a 10 kilómetros por hora, $a/10$; recorriéndolo a 12 y 1/2 kilómetros por hora, estará $a/12$ 1/2; o sea $2a/25$ horas. Pero entonces debe establecerse la igualdad:

$$\frac{2a}{25} - \frac{a}{15} = \frac{a}{10} - \frac{2a}{25}$$

porque cada una de estas diferencias equivale a una hora. Reduciendo a en todos los numeradores tendremos:

$$\frac{2}{25} - \frac{1}{15} = \frac{1}{10} - \frac{2}{25}$$

pasando de un miembro a otro de la igualdad y sumando, resulta:

$$\frac{4}{25} = \frac{1}{15} + \frac{1}{10}$$

Igualdad falsa, pues

$$\frac{1}{15} + \frac{1}{10} = \frac{1}{6} \text{ es decir, } \frac{4}{24} \text{ y no } \frac{4}{25}$$

La segunda particularidad del problema es que puede resolverse, no sólo sin ayuda de ecuaciones, sino por cálculo mental.

Hagamos el siguiente razonamiento: si el esquiador, a la velocidad de 15 Km. por hora, estuviera en camino dos horas más (es decir, tantas como haciendo el recorrido a 10 kilómetros por hora), recorrería 30 Km. más de los que recorrió en realidad. Sabemos que en una hora cubre 5 kilómetsolros más; estaría, pues, en camino 30 : 5 = 6 horas. De aquí que la carrera durará 6 - 2 = 4 horas, marchando a 15 kilómetros por hora. Y a su vez se averigua la distancia recorrida: 15 x 4 = 60 kilómetros.

Ahora es fácil averiguar a qué velocidad debe marchar el esquiador para llegar a la meta al mediodía en punto; en otras palabras, para emplear 5 horas en el recorrido,

60: 5 = 12 Km.

Prácticamente puede comprobarse con facilidad que la solución es exacta.

35

El problema puede resolverse, sin recurrir a las ecuaciones por diversos procedimientos.

He aquí el primero: El obrero joven recorre en 5 minutos 1/4 del camino, el viejo 1/6, es decir, menos que el joven en

$$\frac{1}{4} - \frac{1}{6} = \frac{1}{12}$$

Como el viejo había adelantado al joven en 1/6 del camino, el joven lo alcanzará a los

$$\frac{1}{6} : \frac{1}{12} = 2$$

espacios de cinco minutos; en otras palabras, a los 10 minutos.

Otro método más sencillo. Para recorrer todo el camino, el obrero viejo emplea 10 minutos más que el joven. Si el viejo saliera 10 minutos antes que el joven, ambos llegarían a la fábrica a la vez. Si el viejo ha salido sólo 5 minutos antes, el joven debe alcanzarle precisamente a mitad de camino; es decir, 10 minutos después (el joven recorre todo el camino en 20 minutos).

Son posibles otras soluciones aritméticas.

36

Ante todo, hagamos la pregunta: ¿cómo deben las mecanógrafas repartirse el trabajo para terminarlo a la vez? (Es evidente que el encargo podrá ser ejecutado en el plazo más breve sólo en el caso de que no haya interrupciones.) Como la mecanógrafa más experimentada escribe vez y media más rápidamente que la de menos experiencia, es claro que la parte que tiene que escribir la primera debe ser vez y media mayor que la de la segunda, y entonces ambas terminarán de escribir al mismo tiempo. De aquí se deduce que la primera deberá encargarse de copiar 3/5 del informe y la segunda 2/5.

En realidad el problema está ya casi resuelto. Sólo queda averiguar en cuánto tiempo la primera mecanógrafa realizará los 3/5 de su trabajo. Puede hacer todo su trabajo, según sabemos, en 2 horas; es decir, que lo hará en 2 x 3/5 = 1 1/2 horas. En el mismo tiempo debe realizar su trabajo la segunda mecanógrafa.

Así pues, el espacio de tiempo más breve durante el cual pueden ambas mecanógrafas copiar el informe es 1 hora 12 minutos.

37

Si piensa usted que el piñón girará tres veces, se equivoca: dará cuatro vueltas y no tres.

Para ver claramente cómo se resuelve el problema, ponga en una hoja lisa de papel dos monedas iguales, por ejemplo de un euro, como indica la figura 27. Sujetando con la mano la moneda de debajo, vaya haciendo rodar por el borde la de arriba. Observará una cosa inesperada: cuando la moneda de arriba haya recorrido media circunferencia de la de abajo y quede situada en su parte inferior, habrá dado la vuelta completa alrededor de su eje. Esto puede comprobarse fácilmente por la posición de la cifra de la moneda. Al dar la vuelta completa a la moneda fija, la móvil tiene tiempo de girar no una vez, sino dos.

Al girar un cuerpo trazando una circunferencia, da siempre una revolución más que las que pueden contarse directamente. Por ese motivo, nuestro globo terrestre, al girar alrededor del Sol, da vueltas alrededor de su eje no 365 veces y *1/4*, sino 366 y *1/4* si consideramos las vueltas en relación con las estrellas y no en relación con el Sol. Ahora comprenderá usted por qué los días siderales son más cortos que los solares.

38

La solución aritmética es bastante complicada, pero el problema se resuelve con facilidad si recurrimos al álgebra y planteamos una ecuación. Designaremos con la letra x el número de años buscado. La edad tres años después se expresará por $x + 3$, y la edad de 3 antes por $x - 3$. Tenemos la ecuación:

$$3 (x+3) - 3 (x - 3) = x.$$

Despejando la incógnita, resulta $x = 18$. El aficionado a los rompecabezas tiene ahora 18 años.

Comprobémoslo: Dentro de tres años tendrá 21; hace tres años, tenía sólo 15. La diferencia

$$3 \times 21 - 3 \times 15 = 63 - 45 = 18,$$

es decir, igual a la edad actual del aficionado a los rompecabezas.

39

Como el problema anterior, éste se resuelve con una sencilla ecuación. Si el hijo tiene ahora x años, el padre tiene $2x$. Hace 18 años, cada uno tenía 18 menos: el padre $2x - 18$, el hijo $x - 18$. Se sabe que entonces el padre era tres veces más viejo que el hijo:

$$3 (x-18) = 2x-18.$$

Despejando la incógnita nos resulta $x = 36$; el hijo tiene 36 años y el padre 72.

40

Designemos el número inicial de euros sueltos por x, y el número de monedas de 20 céntimos por y. Al salir de compras, yo llevaba en el portamonedas:

Al regresar tenía:
$(100x + 20y)$ céntimos.
$(100x + 20y)$ céntimos.

Sabemos que la última suma es tres veces menor que la primera; por consiguiente:

$$3 (100y + 20x) = 100x + 20y.$$

Simplificando esta expresión, resulta:

$$x = 7y.$$

Para $y = 1$, x es igual a 7. Según este supuesto, yo tenía al comienzo 7 euros 20 céntimos; lo que no está de acuerdo con las condiciones del problema («unos 15 euros»).

Probemos $y = 2$; entonces $x = 14$. La suma inicial era igual a 14 euros 40 céntimos, lo que satisface las condiciones del problema.

El supuesto $y = 3$ produce una suma demasiado grande: 21 euros 60 céntimos.

Por consiguiente, la única contestación satisfactoria es 14 euros 40 céntimos. Después de comprar, quedaban 2 euros sueltos y 14 monedas de 20 céntimos, es decir, 200 + 280 = 480 céntimos; esto, efectivamente, es un tercio de la suma inicial (1.440 : 3 = 480).

Lo gastado ascendió a 1.440 - 480 = 960. O sea, que el coste de las compras fue 9 euros 60 céntimos.

43

Ninguno de los tres problemas tiene solución y tanto el artista como yo hemos podido sin riesgo alguno prometer cualquier premio por la solución de los mismos. Para convencerse de ello, recurramos al álgebra y analicemos los problemas uno tras otro.

Pagando 5 euros. Supongamos que sea posible y que para hacerlo han hecho falta x monedas de 50 céntimos, y de 20 céntimos y z de 5. Tendremos la ecuación.

$$50x + 20y + 5z = 500$$

Dividiendo todos los términos por 5, resulta:

$$10x + 4y + z = 100$$

Además, como el número total de monedas, según las condiciones del problema, equivale a 20, se puede formar otra ecuación con los números x, y, z.

$$x+y+z=20$$

Restando esta ecuación de la primera nos resulta:

$$9x + 3y = 80$$

Dividiendo por 3, tenemos:

$$3x + y = 26 \; 2/3$$

Pero $3x$ —tres veces el número de monedas de 50 céntimos— es un número entero. El número de monedas de 20 céntimos —y— es asimismo un número entero. La suma de dos enteros no puede ser nunca un número mixto (26 2/3. Nuestro supuesto de que el problema tenía solución nos lleva, como se ve, al absurdo. El problema, pues, no tiene solución.

El lector, siguiendo este procedimiento, se convence de que los otros dos problemas después de la *rebaja* —abonando 3 y 2 euros— tampoco tienen solución. El primero nos lleva a la ecuación:

y el segundo a:
$$3x + y = 13 \; 1/3$$
$$3x + y = 6 \; 2/3$$

Ambos son insolubles, pues deben ser expresados en números enteros.

Como ve usted, el artista no arriesgaba nada al ofrecer importantes sumas por la solución de estos problemas; nunca habrá de entregar los premios ofrecidos.

Otra cosa sería si se propusiera abonar, por ejemplo, 4 euros a basé de las 20 monedas del tipo indicado, en vez de 5, 3 ó 2.

El problema se resolvería fácilmente por siete procedimientos distintos[17].

---

17 He aquí una de las posibles soluciones: 6 monedas de 50 céntimos; 2 de 20 céntimos y 12 de 5 céntimos.

44

$$888+88+8+8+8=1000$$

He aquí dos soluciones:

$$22 + 2 = 24; \quad 3^3 - 3 = 24$$

46

Indicamos tres soluciones:

$$6 \times 6 - 6 = 30; 33 + 3 = 30; 3 - 3 = 30$$

47

Las cifras que faltan se restablecen poco a poco, utilizando el siguiente método deductivo:

Para mayor comodidad numeremos las filas:

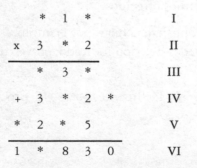

		*	1	*		I
x		3	*	2		II
		*	3	*		III
+		3	*	2	*	IV
	*	2	*	5		V
	1	*	8	3	0	VI

Es fácil determinar que el último asterisco de la línea III es un 0; se ve claramente, por ser también un 0 la última cifra de la fila VI.

A continuación se determina el valor del último asterisco de la fila I; es una cifra que multiplicada por 2, da un número que termina en 0, y al multiplicarla por 3 da un número terminado en 5 (fila V). El 5 es la única cifra posible.

No es difícil adivinar qué se oculta tras el asterisco de la fila II: un 8, porque sólo al multiplicar este número por el 15 da de producto un número terminado en 20 (fila IV).

Finalmente, está claro el valor del primer asterisco de la fila 1: es 4, porque sólo este número multiplicado por 8 da un producto que empieza por 3 (fila IV).

No presenta dificultad alguna averiguar las restantes cifras desconocidas: basta multiplicar los números de las dos primeras filas, determinados ya.

Resulta la multiplicación siguiente:

$$
\begin{array}{r}
4\ 1\ 5 \\
\times\ 3\ 8\ 2 \\
\hline
8\ 3\ 0 \\
+\ 3\ 3\ 2\ 0 \\
1\ 2\ 4\ 5 \\
\hline
1\ 5\ 8\ 3\ 0
\end{array}
$$

48

El valor que sustituye los asteriscos en este problema se averigua siguiendo un procedimiento deductivo semejante al utilizado para el problema anterior.

Resulta:

```
        3   2   5
    x   1   4   7
  ─────────────────
    2   2   7   5
+   1   3   0   0
3   2   5
─────────────────
4   7   7   7   5
```

49

He aquí la división que se buscaba:

```
  5   2   6   5   0 │ 3   2   5
- 3   2   5         │ ───────────
  ─────────         │ 1   6   2
      2   0   1   5
    - 1   9   5   0
      ─────────────
              6   5   0
            - 6   5   0
              ─────────────
```

50

Para resolver este problema hay que saber en qué casos es un número divisible por 11. Un número es divisible por 11 si la diferencia entre la suma de los valores absolutos de las cifras colocadas en los lugares pares y la suma de los valores de las colocadas en los lugares impares, es divisible por 11 o igual a cero.

Por ejemplo, hagamos la prueba con el número 23.658.904.

La suma de las cifras colocadas en los lugares pares es:

$$3 + 5 + 9 + 4 = 21$$

La suma de las cifras colocadas en los lugares impares es:

$$2 + 6 + 8 + 0 = 16$$

La diferencia entre estas sumas (hay que restar del número mayor el menor) es:

$$21 - 16 = 5$$

Esta diferencia (5) no se divide por 11, lo que quiere decir que el número no es divisible por 11.

Probemos el número 7 344 535:

$$3 + 4 + 3 = 10$$

$$7 + 4 + 5 + 5 = 21$$

$$21 - 10 = 11$$

Como el 11 se divide por 11, el número que hemos probado es múltiplo de 11.

Ahora ya nos es fácil determinar en qué orden hay que escribir las nueve cifras para que resulte un múltiplo de 11 y para satisfacer lo que el problema exige.

Ahí va un ejemplo:

352.049.786.

Hagamos la prueba:

$3+2+4+7+6=22$

$5+0+9+8=22$

La diferencia es 22 - 22 = 0; quiere decirse que el número indicado es múltiplo de 11.

El mayor de todos los números pedidos es:

987.652.413

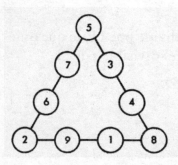 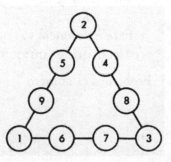

36 y 37 El juego de los triángulos numéricos

y el menor:

102 347 586.

51

Un lector paciente puede encontrar nueve casos distintos de esta clase de multiplicación. Son los siguientes:

12 x 483 = 5.796

42 x 138 = 5.796

18 x 297 = 5.346

27 x 198 = 5.346

39 x 186 = 7.254

48 x 159 = 7.632

28 x 157 = 4.396

4 x 1.738 = 6.952

4 x 1.963 = 7.852

52 y 53

Las figuras 36 y 37 muestran las soluciones. Las cifras del centro de cada fila pueden permutarse entre sí y de ese modo se obtienen algunas soluciones más.

54

Para establecer con más facilidad la busca de la colocación de los números pedida, nos guiaremos por los siguientes cálculos:

La suma buscada de los números de las puntas de la estrella equivale a 26; la suma de todos los números de la estrella es igual a 78. Es decir, que la suma de los números del hexágono interior equivale a 78 - 26 = 52.

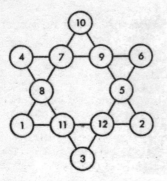

38 La estrella numérica y su propiedad mágica

de los números de cada lado es 26; si sumamos los tres lados obtendremos 26 x 3 = 78; sin olvidar que cada número situado en un ángulo se cuenta dos veces. Como la suma de los tres pares interiores (es decir, del hexágono interior) debe ser, según sabemos igual a 52, resulta que la suma duplicada de los números de los ángulos de cada triángulo equivale a 78 - 52 = 26; la suma sencilla será, pues, igual a 13.

El número de combinaciones queda así considerablemente

reducido. Por ejemplo, sabemos que ni el 12 ni el 11 pueden ocupar las puntas de la estrella (¿por qué?). Esto quiere decir que podemos empezar a probar con el número 10, con lo cual se determina en seguida qué otros dos números deben ocupar los restantes vértices del triángulo: 1 y 2.

Siguiendo este camino, encontramos definitivamente la distribución que nos piden. Es la indicada en la figura 38.

67

A primera vista parece como si este problema no tuviera relación alguna con la geometría. Pero en eso estriba precisamente el dominio de esta ciencia, en saber descubrir los principios geométricos en que están fundados los problemas, cuando se encuentran ocultos entre detalles accesorios. Nuestra tarea es, sin duda, puramente geométrica. Sin poseer suficientes conocimientos de geometría, no es posible resolver ese problema.

Así, pues, ¿por qué el eje delantero de la carreta se desgasta más rápidamente que el trasero? De todos es conocido que el diámetro de las ruedas delanteras es menor que el de las traseras. En un mismo recorrido, el número de vueltas que da la rueda pequeña es siempre mayor. En la pequeña, el perímetro de la circunferencia exterior es menor, por lo cual cabe más veces en la longitud dada. Se comprende, por tanto, que en cualquier recorrido que haga la carreta, las ruedas delanteras darán más vueltas que las traseras, y naturalmente, a mayor número de revoluciones, el desgaste del eje será más intenso.

68

Se equivocan ustedes si piensan que a través de la lupa, nuestro ángulo resulta de una magnitud   1 ½ x 4 = 6°.   La magnitud del ángulo no aumenta lo más mínimo al mirarlo a través de la lupa. Es verdad que el arco del ángulo que se mide aumenta sin duda alguna, pero en la misma proporción aumentará también el radio de dicho arco, de modo que la magnitud del ángulo central quedará invariable. La figura 67 aclarará lo dicho.

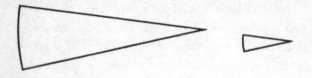

67 La magnitud del ángulo no aumenta

69

Examine la figura 68 en la cual *MAN* indica la posición inicial del arco del nivel y *M'BN'* la nueva posición. La cuerda *M'N'* forma con la cuerda *MN* un ángulo de medio grado. La burbuja, que se hallaba antes en el punto *A*, no cambia de lugar, mientras que el punto central del arco *MN* pasa a ocupar la posición *B*. Se trata de calcular la longitud del arco *AB*, sabiendo que su radio es de 1 m y que el ángulo correspondiente a dicho arco es de medio grado (esto se deduce de la igualdad de ángulos agudos con lados perpendiculares).

El cálculo no es difícil. La longitud de la circunferencia total, para un radio de 1 m (1000 mm), es igual a 2 x 3,14 x 1000 = 6280 milímetros. Como la circunferencia tiene 360° ó 720 medios grados, la longitud correspondiente a medio grado será

6280 : 720 = 8,7 mm.

La burbuja se desplazará respecto de la marca (mejor dicho, la marca se desplazará respecto de la burbuja) unos 9 mm, casi un centímetro. Lógicamente se comprende que cuanto mayor sea el radio de curvatura del tubo, tanto mayor será la sensibilidad del nivel.

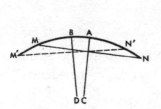
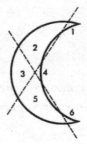

68 La sensibilidad del nivel   69 División del cuarto creciente de la Luna

70

Este problema se plantea en serio, y está basado en los errores habituales que se cometen al hacer un uso impropio de las palabras. Un lápiz de *seis aristas* no tiene seis caras, como seguramente piensa la mayoría. Si no está afilado, tiene ocho caras: seis laterales y dos frontales más pequeñas. Si tuviera realmente seis caras, el lápiz tendría otra forma completamente distinta, la de una barrita de sección rectangular.

La costumbre de considerar en un prisma sólo las caras laterales olvidándose de las bases, está muy extendida. Muchos dicen «prisma de tres caras, de cuatro caras», etc., mientras que en realidad deben llamarse: triangular o triédrico, cuadrangular o tetraédrico, etc., según sea la forma de la base. No existen prismas de tres caras, o sea, prismas con tres aristas.

Así, pues, el lápiz de que se trata en el problema, debe llamarse, si se habla correctamente, no de seis caras, sino hexagonal o hexaédrico.

71

Debe efectuarse como se indica en la figura 69. Se obtiene seis partes, que numeramos para hacerlas más evidentes.

72

Las cerillas deben colocarse como muestra la figura 70 *a;* la superficie de esta figura es igual al cuádruplo de la de un cuadrado hecho con cuatro cerillas. ¿Cómo se comprueba que esto es así? Para ello aumentamos mentalmente nuestra figura hasta obtener un triángulo. Resulta un triángulo rectángulo de tres cerillas de base y cuatro de altura[18]. Su superficie será igual a la mitad del producto de la base por la altura: ½ x 3 x 4 = 6 cuadrados de lado equivalente a una cerilla (fig. 70 *b*). Pero nuestra figura tiene evidentemente un área menor, en dos cuadrados, que la del triángulo completo, y por lo tanto, será igual a cuatro cuadrados, que es lo que buscamos.

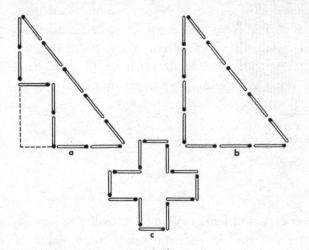

70 Las cerillas deben colocarse como muestra la figura

73

Puede demostrarse que de todas las figuras con contornos de idéntico perímetro, la que tiene mayor área es el círculo. Naturalmente que a base de cerillas no es posible construir un círculo; sin embargo, con ocho cerillas puede componer-

---

18 Los lectores que conozcan el llamado *teorema de Pitágoras* comprenderán por qué decimos con tanta seguridad que el triángulo resultante es rectángulo $3^2 + 4^2 = 5^2$.

se la figura más aproximada al círculo, un octágono regular (fig. 71). El octágono regular es la figura que satisface las condiciones exigidas en nuestro problema, pues es la que posee mayor superficie.

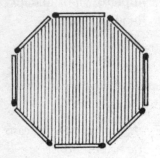

71 Las cerillas deben colocarse como muestra la figura

74

Para resolver este problema hay que desarrollar la superficie lateral del vaso cilíndrico, extendiéndola en un plano. En esta forma obtendremos un rectángulo (fig. 72) de 20 cm. de altura y una base cuya longitud es igual a la circunferencia del vaso, o sea 10 x 3 1/7 = 31 ½ cm. (aproximadamente). Marquemos en este rectángulo los lugares correspondientes a la mosca y a la gotita de miel. La mosca está en el punto *A*, situado a 17 cm. de la base; la gotita de miel, en el punto *B*, a la misma altura y distante del punto *A* la longitud correspondiente a media circunferencia del vaso, o sea, 15 3/4 cm.

Para hallar ahora el punto donde la mosca ha de cruzar el borde del vaso pasando a su interior, hay que hacer lo siguiente. Tracemos desde el punto B (fig. 73), dirigida hacia arriba, una perpendicular a AB y continuándola hasta el punto C equidistante del punto B en relación al borde del vaso. Seguidamente, tracemos la recta CA. El punto de intersección D será donde la mosca cruce el borde, al pasar al otro lado del vaso. El camino ADB será el más corto.

Una vez hallado el camino más corto en el rectángulo desplegado, lo enrollamos de nuevo en forma de cilindro y veremos perfectamente qué ruta debe seguir la mosca para llegar con más rapidez hasta la gotita de miel (fig. 74).

No puedo asegurar que la mosca vaya a elegir en un caso semejante dicho camino. Es posible que orientándose por el olfato, la mosca efectivamente marche por la trayectoria más corta, pero no es muy probable, pues el olfato en estos casos no es un sentido que ofrezca tanta precisión.

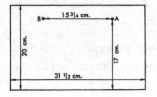

72 El camino recorrido por la mosca

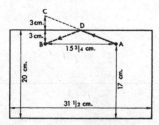
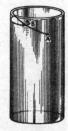

73 y 74 Hallemos el punto donde la mosca debe cruzar el borde

75

El tapón para ese caso, existe. Tiene la forma que se indica en la figura 75. Es fácil ver que un tapón de esta configuración puede efectivamente obturar los tres orificios: el cuadrado, el triangular y el redondo.

76

Existe el tapón adecuado para los orificios que se ven en la figura 76: redondo, cuadrado y cruciforme. Se muestra en las tres posiciones distintas.

77

Existe también este tapón. La figura 77 lo presenta, visto por tres lados. (A los delineantes se les presentan problemas de este tipo con frecuencia, cuando tratan de establecer la forma de una pieza cualquiera a base de tres proyecciones.)

78

Aunque parezca extraño, la moneda de un euro puede pasar por un orificio tan pequeño. Para ello, se necesita solamente saber hacerlo. Se dobla la hoja de papel de manera que se alargue el orificio circular y adquiera la forma de una ranura (fig. 78). Por esa ranura pasa perfectamente la moneda de un euro.

El cálculo geométrico ayuda a comprender este truco, que a primera vista parece complicado. El diámetro de la moneda de diez céntimos es de 18 mm. Su circunferencia, fácil de calcular, es de poco menos de 57 mm. La longitud de la ranura rectilínea será, evidentemente, la mitad del perímetro, o sea, unos 28 mm. Por otra parte, el diámetro de la moneda de un euro es de 23 mm.; por lo tanto, puede pasar sin dificultad por la ranura de 28 mm. incluso teniendo en cuenta su espesor (2 mm.).

79

Para determinar por la fotografía la altura de la torre en su tamaño natural, hay que medir, lo más exactamente posible, la altura de la torre y la longitud de su base en la foto. Supongamos que obtenemos: para la altura 95 mm, y para la longitud de la base 19 mm. Después se mide la longitud de la base de la torre directamente del natural. Supongamos que sea igual a 14 m.

Hagamos ahora el razonamiento siguiente.

La torre y su imagen en la fotografía poseen configuraciones geométricas semejantes. Por consiguiente, la proporción entre las dimensiones de la base y la altura, en ambos casos, será la misma. En la foto es de 95:19 = 5; de donde deducimos que la altura de la torre es cinco veces mayor que su base, es decir, 14 x 5 = 70 m.

Por lo tanto, la torre de la ciudad tiene 70 m de altura.

Sin embargo, hay que hacer notar que para determinar por el método fotográfico la altura de la torre no sirve cualquier fotografía, sino sólo las que no alteren las proporciones, cosa poco frecuente en fotógrafos con poca experiencia.

80

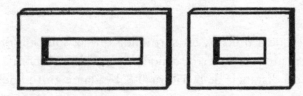

De ordinario, a las dos preguntas planteadas en este problema se contesta afirmativamente, lo que es un error. En realidad, son semejantes únicamente los triángulos; los rectángulos exterior e interior en general, no son semejantes. Para que los triángulos sean semejantes es suficiente la igualdad de sus ángulos, y, puesto que los lados de ambos triángulos, interior y exterior, son paralelos, las dos figuras serán semejantes. Pero para que se cumpla la semejanza geométrica en otros polígonos no basta con la igualdad de los ángulos (o lo que es lo mismo, con el paralelismo de los lados); es necesario que los lados de ambos polígonos circunscritos sean, además, proporcionales. En el marco, para los rectángulos exterior e interior, esto se verifica sólo cuando son cuadrados (y en general, rombos). En todos los demás casos, los lados del rectángulo exterior no son proporcionales a los del interior, y por tanto, los rectángulos no son semejantes. La falta de semejanza se hace más notoria en los marcos anchos y de forma rectangular, como puede verse en la figura 79. En el marco de la izquierda, las longitudes de los lados del rectángulo exterior se hallan en la proporción de 2:1 y en el interior de 4:1. En el marco de la derecha, para los exteriores es de 4:3 y para los interiores de 2:1.

81

E posible que a muchos les sorprenda que la solución de este problema requiera ciertos conocimientos de astronomía, referentes a la distancia de la Tierra al Sol ya la magnitud del diámetro solar.

La longitud de la sombra total formada en el espacio por el alambre puede determinarse geométricamente por el esquema representado en la figura 80. Es fácil ver que la sombra es mayor que el diámetro del alambre en la misma proporción que la distancia que separa el Sol de la Tierra (150.000.000 Km.) lo es respecto del diámetro del Sol (1.400.000 Km.). La última relación es, en números redondos, igual a 115. Esto significa que la longitud de la sombra total que forma el alambre en el espacio es:

4 x 115 = 460 mm = 46 cm.

La longitud insignificante de la sombra total proyectada explica el que la sombra no se vea con nitidez en la tierra o en los muros de las casas; las rayas débiles que se distinguen en estos casos, no son sombras propiamente dichas, sino semi sombras.

Al examinar el rompecabezas núm. 8 hemos indicado otra forma de resolver problemas de este tipo.

82

La respuesta de que el ladrillito de juguete pesa 1 Kg., o sea, la cuarta parte, es una gran equivocación. El ladrillito no sólo es cuatro veces *más corto* que el ladrillo de verdad, sino que también es cuatro veces *más estrecho* y más bajo; por lo tanto, su volumen y peso son 4 x 4 x 4 = 64 veces menores. La respuesta correcta es:

El ladrillito de juguete pesa 4 000: 64 = 62,5 gr.

83

Están ustedes ya bastante preparados para resolver este problema. En virtud de que las figuras humanas son aproximadamente semejantes, al ser la estatura dos veces mayor, su volumen será, no el doble, sino ocho veces mayor. Esto quiere decir que nuestro gigante es ocho veces más pesado que el enano. El gigante más alto de que se tiene noticia fue un habitante de Alsacia de 275 cm. de altura: o sea, un metro más alto que cualquier persona de estatura normal. El enano más pequeño conocido tenía una altura menor de 40 cm, o sea, era unas siete veces más bajo que el titán alsaciano. Por lo tanto, si en uno de los platillos de la balanza se coloca el gigante de Alsacia, en el otro será necesario, para conseguir el equilibrio, colocar 7 x 7 x 7 = 343 enanos, un verdadero tropel de gente.

84

El volumen de la sandía mayor supera al de la menor

$$1 \frac{1}{4} \times 1 \frac{1}{4} \times 1 \frac{1}{4} = \frac{125}{64} \text{veces,}$$

casi el doble.

Por consiguiente, es más ventajoso comprar la sandía mayor. Esta sandía es vez y media más cara, pero, en cambio, la parte comestible es dos veces mayor.

Sin embargo, ¿por qué los vendedores piden, de ordinario, por tales sandías un precio no doble sino sólo vez y media mayor? Se explica eso simplemente porque los vendedores, en la mayoría de los casos, no están fuertes en geometría. Por otra parte, tampoco conocen bien esta materia los compradores, que a menudo, se niegan a comprar, por esta causa, mercancías ventajosas. Puede afirmarse que es más lucrativo comprar sandías grandes que pequeñas, puesto que aquéllas se valoran siempre por debajo de su precio verdadero; no obstante, muchos de los compradores no se dan cuenta de ello.

Por esta misma razón, es siempre más ventajoso comprar huevos grandes que menudos; naturalmente, si no se venden a peso.

85

La relación existente entre las longitudes de las circunferencias es igual a las de sus diámetros respectivos. Si la circunferencia de un melón mide 60 cm. y la de otro 50 cm, la relación entre sus diámetros será 60:50 = 6/5, y la relación entre los volúmenes será:

$$\left(\frac{6}{5}\right)^3 = \frac{216}{125} = 1,73.$$

El melón mayor debe de costar, si se valora con arreglo a su volumen (o peso), 1,73 veces más que el menor; en otras palabras, el 73 % más caro. En total, piden el 50% más. Está claro que tiene más cuenta comprar el mayor.

86

De las condiciones impuestas por el problema se deduce que el diámetro de la cereza es tres veces mayor que el diámetro del hueso, lo que significa, que el volumen de la cereza es 3 x 3 x 3=27 veces mayor que el del hueso. Al hueso le corresponde 1/27 del volumen de la cereza, mientras que a la parte carnosa, lo restante, es decir, 26/27. Por consiguiente, el volumen de la parte carnosa de la cereza es 26 veces mayor que el del hueso.

87

Si el modelo pesa 8 000 000 de veces menos que la torre y ambos están hechos del mismo metal, el *volumen* del modelo debe ser 8 000 000 menor que el de la torre. Sabemos que la relación entre los volúmenes de los cuerpos semejantes es igual a la que existe entre los cubos de sus alturas respectivas. Por consiguiente, el modelo debe ser 200 veces más bajo que el natural, puesto que

200 x 200 x 200 = 8000000.

La altura de la torre es de 300 m. De donde se deduce que la altura del modelo es

300: 200 = 1 1/2 m.

El modelo tendrá aproximadamente la altura de una persona.

88

Ambas cacerolas son dos cuerpos geométricamente semejantes. Si la cacerola grande tiene una capacidad ocho veces mayor, todas sus dimensiones lineales tendrán el doble de longitud: será el doble de alta y el doble de ancha en ambas direcciones. Siendo el doble de alta y de ancha, su superficie será 2 x 2 = 4 veces mayor, puesto que la relación entre las superficies de los cuerpos semejantes es idéntica a la de los cuadrados de sus dimensiones lineales. Si las paredes tienen el mismo espesor, el peso de las cacerolas depende de las áreas de sus superficies respectivas. Lo expuesto nos da respuesta a la pregunta formulada en el problema: la cacerola grande es *cuatro veces* más pesada que la pequeña.

89

A primera vista, este problema parece como si no estuviera relacionado con las matemáticas; sin embargo, en lo fundamental, se resuelve a base de razonamientos geométricos, de modo semejante a como se ha explicado el problema anterior.

Antes de proceder a su resolución, examinemos un problema parecido, pero algo más sencillo.

Supongamos dos calderas, una grande y otra pequeña, de idéntica forma y construidas del mismo metal. Ambas están llenas de agua hirviente. ¿Cuál de ellas se enfriará antes?

Los objetos irradian el calor a través de su superficie, por tanto, se enfriará más rápidamente aquella caldera en que a cada unidad de volumen corresponda mayor superficie de irradiación. Si una de las calderas es n veces más alta y ancha que la otra, la superficie de la primera será $n2$ veces mayor y su volumen $n3$ veces; a la caldera de mayor tamaño le corresponde, por cada unidad de superficie, un volumen n veces mayor. Por consiguiente, la caldera menor debe enfriarse antes.

Por la misma causa, la criatura expuesta al frío debe sentir éste más que la persona adulta, si ambos están igualmente abrigados, puesto que la cantidad de calor, que se origina en cada cm^3 del cuerpo, es en ambos casi idéntica; sin embargo, la superficie del cuerpo que se enfría, correspondiente a un cm^3 es mayor en la criatura que en la persona adulta.

Así se explica que se enfríen con más intensidad los dedos de las manos y la nariz, y que se hielen con mayor frecuencia que otras partes del cuerpo, cuya superficie no es tan grande en comparación con su volumen.

Para terminar, examinemos el problema siguiente:

¿Por qué una astilla arde con mayor rapidez que el leño del que se ha cortado?

Debido a que el calentamiento se verifica en la superficie y se difunde por todo el volumen del cuerpo, habrá que establecer la relación existente, entre la superficie y el volumen de la astilla (por ejemplo, de sección cuadrada) con la superficie y el volumen de un leño de idéntica longitud y sección, y de este modo, determinar cuál será la magnitud de la superficie que corresponda a cada cm^3 de madera en ambos casos. Si el grosor del leño es diez veces mayor que el de la astilla, la superficie lateral del leño será también diez veces mayor que la de la astilla, y el volumen del primero será cien veces mayor que el de la astilla. Por consiguiente, a cada unidad de superficie de la astilla, si la comparamos con el leño, le corresponde la décima parte del volumen. La misma cantidad de calor actúa sobre ambos, pero en la astilla calienta un volumen de madera diez veces menor, lo que explica que la astilla se inflame con mayor rapidez que el leño.

Por ser la madera mala conductora del calor, las proporciones indicadas hay que considerarlas solo aproximadas; caracterizan únicamente la marcha general del proceso y no el aspecto cuantitativo del mismo.

90

Si no hacemos un pequeño esfuerzo de imaginación, este problema parecerá muy difícil; sin embargo, su solución es muy sencilla. Supongamos, para mayor sencillez, que los terrones de azúcar tengan una magnitud cien veces mayor que las partículas de azúcar en polvo. Imaginemos ahora que todas las partículas de azúcar en polvo aumenten de tamaño cien veces, junto con el vaso que las contiene. El vaso adquiriría una capacidad 100 x 100 x 100 = 1 000000 de veces mayor. En esta misma proporción aumentará el peso del azúcar en él contenido. Tomemos mentalmente un vaso corriente de este azúcar en polvo (aumentado cien veces), o sea, una millonésima del vaso gigante. La cantidad tomada pesará, naturalmente, tanto como pesa un vaso ordinario de azúcar en polvo corriente. ¿Qué representa en si este azúcar en polvo que hemos tomado agrandado de tamaño? Al fin y al cabo, lo mismo que el azúcar en terrones. Esto quiere decir que el vaso contiene, en peso, la misma cantidad de azúcar en polvo que de azúcar en terrones.

Si aumentáramos el tamaño de las partículas de azúcar, no cien veces, sino sesenta u otro cualquier número de veces, el problema no cambiaría en absoluto. El razonamiento está basado en que los trozos de azúcar en terrones pueden considerarse como cuerpos geométricamente semejantes a las partículas de azúcar en polvo y que están también distribuidos en el vaso en forma semejante.

Claro que admitir esto no es exactamente justo, pero se aproxima bastante a la realidad (si tomamos, como es natural, azúcar en terrones y no azúcar de pilón).

94

Puede cumplirse el trabajo encargado, abriendo sólo *tres* eslabones. Para ello es preciso soltar los tres eslabones de uno de los trozos y unir con ellos los extremos de los cuatro trozos restantes.

95

Para resolver este problema hay que recordar mediante la Zoología, cuántas patas tiene un escarabajo y cuántas posee una araña. El escarabajo tiene 6 patas, la araña, 8.

Sabiendo esto, supongamos que en la caja hubiera sólo escarabajos. En este caso, el número de patas sería 6 x 8 = 48, seis menos de las que se exigen en el problema. Remplacemos un escarabajo por una araña. El número de patas aumentará en 2, puesto que la araña no tiene 6, sino 8 patas.

Está claro que si hacemos esta operación 3 veces consecutivas el número de patas llegará a ser 54. Pero, entonces, de los 8 escarabajos quedarán sólo 5, los demás serán arañas.

Así, pues, en la caja había 5 escarabajos y 3 arañas.

Hagamos la comprobación: Los 5 escarabajos dan un total de 30 patas, las tres arañas, 24, por tanto, 30 + 24 = 54 como exigen las condiciones planteadas en el problema.

Este problema puede resolverse también de otro modo. Supongamos que en la caja hubiera solamente arañas. Entonces, el número de patas sería 8 x 8 =64, o sea diez más de las indicadas en el problema. Si reemplazamos una araña por un escarabajo, el número de patas disminuirá en 2. Se necesita, por tanto, hacer 5 cambios semejantes para que el número de patas llegue a ser el requerido, 54. En otras palabras, de las 8 arañas hay que dejar sólo 3 y las restantes remplazarlas por escarabajos.

96

Si en lugar del impermeable, el sombrero y los chanclos, dicha persona hubiera comprado solamente dos pares de chanclos, en vez de 140 euros habría pagado tanto menos cuanto más baratos cuestan los chanclos que el impermeable y el sombrero juntos, o sea, 120 euros menos. Por tanto, los dos pares de chanclos costaron 140 - 120 = 20 euros, de donde deducimos que un par de chanclos valía 10 euros.

Ahora ya sabemos que el impermeable y el sombrero juntos valen 140 - 10 = 130 euros, y además, que el impermeable costaba 90 euros más caro que el sombrero. Razonemos como lo hemos hecho antes: en lugar del impermeable y el sombrero, supongamos que esa persona comprara dos sombreros. Habría pagado, no 130 euros, sino 90 euros menos. Esto significa que los dos sombreros costaban 130 - 90 = 40 euros; de donde resulta que un sombrero valía 20 euros.

Por consiguiente, el precio de las tres prendas fue: los chanclos, 10 euros; el sombrero, 20 euros, y el impermeable, 110 euros.

97

El vendedor se refería a la cesta con 29 huevos. En las cestas con los números 23, 12 y 5 había huevos de gallina; los de pato se hallaban en las cestas designadas con el 14 y el 6.

Hagamos la comprobación. Total de huevos de gallina que quedaron:

$$23+12+5=40.$$

De pato:

$$14+6=20.$$

De gallina había el doble que de pato, lo que satisface las condiciones del problema.

98

En este problema no hay nada que aclarar. El avión tarda el mismo tiempo en hacer el vuelo en ambas direcciones, puesto que 80 minutos = 1 h y 20 minutos.

El problema va destinado exclusivamente a los lectores que no prestan la debida atención al examinar las condiciones planteadas en él y que pueden pensar que existe alguna diferencia entre 1 h 20 min y 80 min. Aunque parezca raro, son muchas las personas que no caen en seguida en la cuenta; su número es mayor entre las acostumbradas a efectuar cálculos, que entre las poco experimentadas en ese terreno. Se debe eso a la costumbre de emplear el sistema decimal y las unidades monetarias. Al ver la cifra 1 h 20 min y junto a ella 80 min, a primera vista nos parece como si existiera alguna diferencia entre ellas, como por ejemplo ocurre en el caso de 1 euro 20 céntimos y 80 céntimos. Precisamente, el problema está basado en este error psicológico del lector.

99

La clave del enigma consiste en que uno de los padres es hijo del otro. En total eran, no cuatro, sino tres personas: abuelo, hijo y nieto. El abuelo dio al hijo 150 euros y éste, de ese dinero, entregó al nieto (o sea, a su hijo) 100 euros, con lo cual los ahorros del hijo aumentaron, por consiguiente, sólo en 50 euros.

100

Una de las fichas puede colocarse en cualquiera de las 64 casillas, o sea, en 64 formas diferentes. Una vez colocada la primera, puede ponerse la segunda en cualquiera de las 63 casillas restantes. Por tanto, a cada una de las 64 posiciones de la primera ficha hay que añadir las 63 posiciones de la segunda. En total, el número de posiciones distintas que pueden ocupar las dos filas en el tablero será:

$$64 \times 63 = 4.032$$

101

El menor número entero que puede escribirse con dos cifras no es el diez, como seguramente piensan algunos lectores, sino la unidad expresada de la manera siguiente:

$$\frac{1}{1}, \frac{2}{2}, \frac{3}{3}, \frac{4}{4} \quad \text{y así sucesivamente hasta} \quad \frac{9}{9}$$

Aquellos que conozcan el álgebra pueden indicar también las siguientes:

$1°, 2°, 3°, 4°,$ etc. hasta $9°$.

puesto que cualquier número elevado a cero es igual a la unidad[19].

102

Hay que representarse la unidad como la suma de dos quebrados

$$\frac{148}{296}, \frac{35}{70} = 1$$

Los que tengan conocimientos de álgebra pueden dar además las siguientes respuestas:

$123\ 456\ 789°$; $234\ 5679\_8\_1$,

etcétera, pues los números con exponente cero son iguales a la unidad.

---

19 Sin embargo, sería incorrecto que propusiéramos como resolución al problema 0/0 ó 00, pues estas expresiones no tienen significación.

103

He aquí dos procedimientos:

$$9 \frac{99}{99} = 10$$

$$\frac{99}{9} - \frac{9}{9} = 10$$

El que sepa álgebra, puede aportar varias formas más, por ejemplo:

$$\left(9 \frac{9}{9} \right)^{\frac{9}{9}} = 10$$

$$9 + 9^{9-9} = 10$$

104

He aquí cuatro procedimientos:

$$70 + 24 \frac{9}{18} + 5 \frac{3}{6} = 100;$$

$$80 \frac{27}{54} + 19 \frac{3}{6} = 100;$$

$$87 + 9 \ \frac{4}{5} + 3 \ \frac{12}{60} = 100;$$

$$50 \ \frac{1}{2} + 49 \frac{38}{76} = 100;$$

105

Los cuatro casos que damos a continuación coinciden con el ejemplo de división propuesto:

1337174 : 943 = 1418

1343784: 949 = 1416

1200474: 846 = 1419

1202464: 848 = 1418

106

Hay solamente una manera de resolver este ejemplo, que es:

7.375.428.413 : 125.473 = 58.781[20].

Estos dos últimos problemas de difícil solución, aparecieron por primera vez en las publicaciones norteamericanas *Periódico de Matemáticas,* en el año 1920, y *Mundo Escolar,* en 1906.

---

20 Más tarde se han encontrado otros tres modos de resolverlo.

107

En un metro cuadrado hay un millón de milímetros cuadrados. Cada mil milímetros cuadrados, dispuestos uno junto a otro, constituyen un metro; mil millares formarán mil metros. Por lo tanto, la línea formada tendrá un kilómetro de longitud.

108

La respuesta asombra por la magnitud inesperada que se obtiene: la columna se eleva a 1000 Km.

Hagamos mentalmente el cálculo. Un metro cúbico contiene mil x mil x mil milímetros cúbicos. Cada mil milímetros cúbicos, colocados uno encima del otro, forman una columna de 1000 m, o sea, 1 Km. Pero como tenemos mil veces este número de cubitos, la altura de la columna será de 1000 Km.

109

El número ciento puede expresarse con cinco cifras iguales, empleando unos, treses y, lo más sencillo, cincos

$$111-11=100$$

$$33 \times 3 + \frac{3}{3} = 100$$

$$5 \times 5 \times 5 - 5 \times 5 = 100$$

$$(5 + 5 + 5 + 5) \times 5 = 100$$

110

A esta pregunta se contesta con frecuencia: 1 111. Sin embargo, puede formarse un número mucho mayor: once elevado a la undécima potencia 1111. Si se tiene paciencia para llevar hasta el fin esta operación (con ayuda de los logaritmos estos cálculos se efectúan mucho más rápidamente) podrá uno ver que es superior a 280000 millones. Por consiguiente, supera a 1111 más de 250 millones de veces.

111

Examinando la figura 90 se deduce (debido a la igualdad de los ángulos 1 y 2) que la relación entre las dimensiones lineales del objeto y las correspondientes de la imagen es directamente proporcional a la que existe entre la longitud que dista del avión al objetivo y la profundidad de la cámara. Si designamos con la letra x la altura a que vuela el avión, expresada en metros, tendremos la proporción siguiente:

$$12000 : 8 = x : 0,12,$$

de donde $x = 180$ m.

112

El número de caminos posibles para ir de *A* a *B* es de 70. (Este problema puede resolverse de forma sistemática utilizando el triángulo de Pascal, que se describe en los libros de álgebra.)

113

Como la suma de todas las cifras inscritas en la esfera del reloj es igual a 78, el número correspondiente a cada parte deberá ser 78 : 6 = 13. Esto facilita hallar la solución que se muestra en la figura 91.

114

Este tipo de cálculo se efectúa mentalmente multiplicando 89,4 g por un millón, o sea, por mil millares.

Hagamos esta operación multiplicando dos veces sucesivas por mil. 89,4g x 1000 = 89,4 Kg., puesto que 1 Kg. es mil veces mayor que un gramo. Después, 89,4 Kg. x 1000= 89,4 toneladas, pues una tonelada es mil veces mayor que un kilogramo. Por tanto, el peso buscado será 89,4 toneladas.

115 y 116

El modo de resolver estos problemas se indica en las figuras 109 y 110.

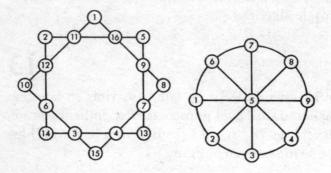

117

Es fácil contestar a la pregunta planteada en el problema si observamos la hora que marcan los relojes. Las agujas del reloj de la izquierda (fig. 87) marcan las 7 en punto. Esto significa que los extremos de las agujas abarcan un arco equivalente a 5/12 de la circunferencia completa.

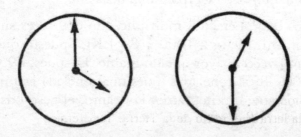

En grados, esto constituye:

$$360° \times 7/24 \quad \frac{5}{12} = 150°$$

Las agujas del reloj de la derecha marcan las nueve y media. El arco comprendido por sus extremos es 3 ½ veces la duodécima parte de la circunferencia, o sea, 7/24 de ésta.

Expresado en grados será:

$$360° \times 7/24 = 105°.$$

118

Una mesa de tres patas siempre puede apoyarse correctamente en el suelo con los tres extremos de sus patas, puesto que por tres puntos situados en el espacio, puede pasar un plano y sólo uno. Por este motivo, las mesas de tres patas son estables y nunca se balancean. Como se ve, este problema es puramente geométrico y no físico.

He aquí por qué es muy cómodo emplear trípodes para los instrumentos agrimensores y los aparatos fotográficos. La cuarta pata no aumenta la estabilidad; por el contrario, habría siempre necesidad de preocuparse de la longitud exacta de las patas para que la mesa no se balanceara.

119

Supongamos que la persona tenga 175 cm. de altura y designemos la letra R el radio de la Tierra. Tendremos:

2 x 3,14 x (R + 175) – 2 x 3,14 x R = 2 x 3,14 x
175 = 1.100 cm,

o sea, 11 metros. Lo sorprendente es que el resultado no depende en absoluto del radio del globo, y por tanto, es el mismo para el Sol, de tamaño gigante, como para una bolita.

120

Las condiciones impuestas por el problema se satisfacen fácilmente si colocamos las personas formando un hexágono, como se muestra en la figura 94.

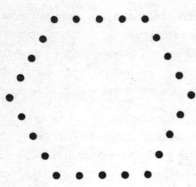

121

El interés principal de este problema consiste en que para su resolución no pueden tomarse magnitudes *a, b, c, d, e,* cualesquiera, sino que deberán tener valores perfectamente determinados.

En efecto, queremos que la escuadra sombreada sea igual a cada una de las que no lo están. El lado LM es sin duda menor que $BC;$ por lo tanto, deberá ser igual a AB. Por otra parte, LM debe ser igual a $RC,$ o sea, $LM = RC = b$. Consiguientemente $BR = = a - z$. Pero, BR debe ser igual a KL y $CE,$ por lo tanto, $BR = KL = CE$,o sea, $a - b = d$ y $KL=d$.

De esto deducimos que $a, b,$ y d no pueden elegirse arbitrariamente. El lado d tiene que ser igual a la diferencia entre a y b. Pero esto es insuficiente. A continuación vamos a ver que todos los lados han de ser partes determinadas del lado a.

Evidentemente, tenemos que $PR + KL = AB$ o $PR + (a - b) = b$, es decir, $PR = 2b - a$. Comparando los lados correspondientes de las escuadras —la sombreada y la no sombreada de la derecha—, obtendremos: $PR=MN,$ es decir, $PR= d/2$ de donde $d/2 = 2 b - a$. Si comparamos esta última igualdad con la $a - b = d$, veremos que b 3/5 a y $d = 2/5 a$. Confrontando la figura sombreada y la de la izquierda de las no sombreadas vemos también que $AK =MN,$ o sea, $AK=PR=d/2=1/5a$. En esta forma nos convencemos de que $KD = PR = 1/5 a;$ por consiguiente, $AD = 2/5 a$.

De lo expuesto se deduce que los lados de la figura que examinamos no pueden ser tomados arbitrariamente, sino que deberán ser partes determinadas (3/5, 2/5 y 2/5) del lado a. Sólo en este caso el problema tiene solución.

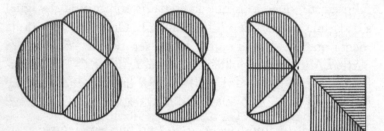

122

Los lectores que hayan oído hablar de la imposibilidad de resolver la cuadratura del circulo, a lo mejor creerán que desde el punto de vista estrictamente geométrico, el problema propuesto es también insoluble. En virtud de que no es posible convertir un círculo completo en un cuadrado de área equivalente, muchos pensarán que tampoco es posible transformar una luneta, formada por dos arcos de círculo, en una figura de forma rectangular.

Sin embargo, este problema puede sin duda alguna resolverse por medio de trazados geométricos, si aplicamos una deducción curiosa del teorema de PITÁGORAS, según la cual la suma de las áreas de los semicírculos construidos sobre los catetos es igual a la del semicírculo construido sobre la hipotenusa (fig. 95). Si hacemos girar 180° el semicírculo mayor alrededor de la hipotenusa (fig. 96), vemos que el área —suma de las dos lunetas resultantes— es igual al área del triángulo. Si tomamos un triángulo isósceles, cada luneta será de igual magnitud que la mitad de dicho triángulo (fig.97).

De esto se deduce que geométricamente es posible construir con exactitud un triángulo isósceles rectángulo, cuya área sea equivalente a la del cuarto de luna.

Puesto que puede convertirse un triángulo isósceles rectángulo en un cuadrado de idéntica área (fig. 98), también nuestra media luna puede reemplazarse, a base de un trazado puramente geométrico, por un cuadrado de igual área.

Nos queda sólo convertir este cuadrado en el emblema de la Cruz Roja de área equivalente (que consta, como sabemos, de cinco cuadrados iguales unidos uno al otro en forma conveniente). Existen varios procedimientos para efectuar este trazado; dos de ellos se muestran en las figuras 100 y 101. En ambos trazados, se comienza por unir los vértices del cuadrado con los puntos medios de los lados opuestos.

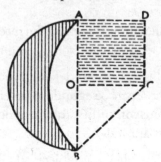

101 Obtención del área

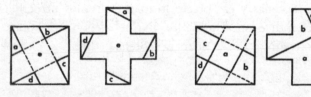

99 y 100 La formación de la cruz

Nota importante: un cuarto de luna puede convertirse en una cruz de área equivalente sólo cuando aquél está formado por dos arcos de círculo: el semicírculo exterior y el cuarto de círculo interior correspondiente a un radio mayor[21].

He aquí expuesto el modo de construir una cruz de área equivalente a la de un cuarto de luna. Los extremos A y B del cuarto de luna (fig. 99) se unen por una recta; en el punto medio O de esta recta se traza una perpendicular de longitud OC igual a OA. El triángulo isósceles OAC se completa hasta formar el cuadrado OADC, el cual se convierte en una cruz por uno de los procedimientos indicados en las figuras 100 y 101.

123

Continuemos el cuento de Benedíktov, que quedó interrumpido.

«La tarea era complicada. Las hijas, camino del mercado, coménzaron a consultarse una a la otra. La segunda y la tercera recurrieron al ingenio de la mayor, pidiéndole consejo. Esta, después de pensar el asunto, dijo:

«—Hermanas, vamos a vender los huevos estableciendo el precio, no por decenas, como veníamos haciendo hasta ahora, sino por septenas y ese precio lo mantendremos firmemente como nos indicó nuestra madre. ¡No rebajéis ni un kopek el precio convenido! Por la primera septena pediremos 3 kopeks, ¿de acuerdo?

---

21 El cuarto de luna que vemos en el cielo, tiene forma algo distinta: Su arco exterior es semicircular, el interior es *semielíptico*. Con frecuencia, los pintores dibujan el cuarto de luna como si estuviera formado por dos arcos de círculo, lo que es incorrecto

«—¡Tan barato! —exclamó la segunda.

«—Sí, pero en cambio —contestó la mayor—, subiremos el precio para los huevos sueltos que quedan en las cestas después de vender todas las septenas posibles. Me he enterado de que no habrá en el mercado más vendedoras de huevos que nosotras tres. No habrá, por tanto, concurrencia en el precio. Es sabido que cuando la mercancía está terminándose y hay demanda, los precios suben. Con los huevos restantes recuperaremos las pérdidas.

«—¿Y qué precio vamos a pedir por los restantes? —preguntó la pequeña.

«—Nueve kopeks por cada huevo, y sólo este precio. Al que le hagan mucha falta huevos los pagará, no te preocupes.

«—¡Pero es muy caro! —repuso la segunda hermana.

«—¿Y qué? —respondió la mayor; —los primeros huevos, vendidos por septenas, son baratos. Lo uno compensará a lo otro.

«Quedaron de acuerdo.

«Llegaron al mercado y cada una de las hermanas se sentó en sitio diferente. Comenzaron a vender. Los compradores, contentos con la baratura, se lanzaron al puesto de la hermana menor, que tenía cincuenta huevos, y se los compraron en un abrir y cerrar de ojos. Vendió siete septenas, y obtuvo 21 kopeks. En la cesta le quedó un huevo. La segunda que tenía tres decenas, vendió 28 huevos, o sea, 4 septenas, y le quedaron 2 huevos. Sacó de beneficio 12 kopeks. La mayor vendió una septena, sacó 3 kopeks y le quedaron 3 huevos.

«Inesperadamente se presentó en el mercado una cocinera, enviada por su ama, a comprar sin falta, costara lo que costara, una decena de huevos. Para pasar unos días con la familia, habían llegado los hijos de la señora, que gustaban extraordinariamente de los huevos fritos. La cocinera corría de un lado para otro, pero los huevos ya se habían terminado. A las tres únicas vendedoras que había en el mercado les quedaban sólo 6 huevos: a una, un huevo, a otra, dos, y a la tercera, tres.

«—¡Vengan aquí esos huevos! —dijo.

«La cocinera se acercó primero a la que tenía 3 huevos, la hermana mayor, que como sabemos había vendido una septena por 3 kopeks.

«La cocinera preguntó:

«—¿Cuánto quieres por los tres huevos?

«—Nueve kopeks por cada uno.

«—¿Qué dices? ¿Te has vuelto loca? —preguntó la cocinera.

«—Como usted quiera –contestó—, pero a menor precio no los doy. Son los últimos que me quedan.

«La cocinera se acercó a la otra vendedora, que tenía 2 huevos en la cesta.

«—¿Cuánto cuestan?

«—A 9 kopeks. Es el precio establecido. Ya se terminan.

«—¿Y tu huevo, cuánto vale? —preguntó la cocinera a la hermana menor.

«—Lo mismo, 9 kopeks.

«¡Qué hacer! No tuvo más remedio que comprarlos a este precio inaudito.

«—Venga, compro todos los huevos que quedan.

«La cocinera dio a la hermana mayor 27 kopeks por los tres huevos, que con los tres kopeks que tenía, sumaban treinta; a la segunda le entregó 18 kopeks por el par de huevos, que con los 12 que había cobrado antes constituían 30 kopeks. La pequeña recibió de la cocinera, por el único huevo que le quedaba, 9 kopeks que al juntarlos con los 21 que ya poseía, le resultaron también 30 kopeks.

«Terminada la venta, las tres hijas regresaron a casa, y al entregar cada una 30 kopeks a su madre, le contaron cómo habían vendido los huevos, manteniendo todas un precio fijo y único y cómo se las habían arreglado para que la ganancia, correspondiente a una decena y a cincuenta huevos, resultara una misma cantidad.

«A la madre le agradó mucho que las hijas hubieran cumplido con tanta exactitud la tarea encomendada, así como la sagacidad demostrada por la hija mayor, por consejo de la cual todo se había realizado. Y todavía le satisfizo más que la ganancia total de las hijas hubiera sido precisamente 90 kopeks, de acuerdo con sus deseos».

Desafía a tu mente
David Izquierdo

El ingenio es una capacidad que no sólo se refiere al grado cultural o social sino que apela a la intuición y al talento natural. Esta selección de juegos de ingenio le permitirá ejercitar y desarrollar todo el potencial oculto de su intelecto con el objetivo de hacer de usted una persona más brillante, ingeniosa y aguda.

- Juegos para mejorar su capacidad de visualización espacial.
- Ejercicios para relacionar el desplazamiento de figuras en el espacio.
- Descubrir patrones para proseguir secuencias numéricas.
- Juegos para descubrir su capacidad deductiva.

Ejercita tu mente
William Kessel

Los desafíos que propone este libro son un ejercicio intelectual que despierta el ingenio y la agudeza mental. Y lo hace de una manera lúdica y amena, fomentando la lógica, la fantasía y la sagacidad. William Kessel ha recopilado en esta obra una serie de juegos de diferentes épocas y lugares del mundo que ponen a prueba la capacidad intelectual del lector para convertirlo en una persona más brillante, ingeniosa y aguda.

El secreto de los números
André Jouette

Esta obra explora, desde una óptica original, lúdica y rigurosa, la ciencia de los números y las construcciones numéricas, así como los ámbitos cotidianos y específicos donde éstos se emplean.

Pesos, medidas, potencias, datos astronómicos, calendarios y muchos más són aquí explicados en su sentido esencial y práctico. Pero el lector también encontrará curiosidades sobre la conversión de un sistema métrico a otro, el cálculo mental o las probabilidades de ganar la lotería.

La ciencia es divertida
Alain Gold

Alain Gold nos ayuda a comprender y desentrañar algunos de los fenómenos científicos con los que convivimos a diario. A través de sus explicaciones amenas y rigurosas podremos (por fin) comprender infinidad de sucesos que, por cotidianos, creemos ya sabidos, pero cuya esencia no siempre sabemos con exactitud. Toda una lección que nos ayuda a entender las leyes que rigen las pequeñas cosas del mundo en que vivimos.

Lo que Einstein le contó a su barbero
Robert L. Wolke

Robert L. Wolke nos ayuda a desentrañar y comprender cientos de fenómenos con los que convivimos a diario. Con explicaciones amenas y rigurosas, el autor nos ayudará a descubrir las «verdades» de nuestro universo físico inmediato. ¿Por qué dirige el fuego sus llamas hacia arriba? ¿Pueden los campesinos reconocer por el olfato la proximidad de la lluvia? ¿Por qué los espejos invierten la derecha y la izquierda pero no el arriba y abajo?

Historias curiosas de la ciencia
Cyril Aydon

¿Qué son los relojes exactos, el Big Bang o el cinturón de Kuiper? ¿Cuáles han sido los terremotos más importantes de la historia? ¿Cómo se forma el arco iris? ¿Qué es el efecto Doppler? ¿Cómo se calcula el número pi? ¿Cómo y cuándo nació el calendario grecorromano? ¿Cuántas estrellas hay en el firmamento?

Una gran diversidad de temas explicados de manera clara y divulgativa, a base de pequeños artículos, como si de un diccionario enciclopédico se tratara. Desde el firmamento, la Tierra, la masa y la energía o los grandes científicos de la historia hasta la astronomía, la expansión del Universo, las placas tectónicas o el genoma humano.